企业级卓越人才培养解决方案"十三五"规划教材

软件原型设计与应用
——基于 Axure RP 8 交互设计项目实战

天津滨海迅腾科技集团有限公司　主编

南开大学出版社
天　津

图书在版编目(CIP)数据

软件原型设计与应用：基于 Axure RP 8 交互设计项
目实战 / 天津滨海迅腾科技集团有限公司主编. —天津：
南开大学出版社，2018.8(2024.9 重印)
ISBN 978-7-310-05642-2

Ⅰ.①软… Ⅱ.①天… Ⅲ.①网页制作工具 Ⅳ.
①TP393.092.2

中国版本图书馆 CIP 数据核字(2018) 第 187381 号

主　编　李　贞　吴　蓓　邓越萍
副主编　王　玲　康　华　姜婷芳　李树真

软件原型设计与应用:基于Axure RP 8 交互设计项目实战
RUANJIAN YUANXING SHEJI YU YINGYONG:
JIYU Axure RP 8 JIAOHU SHEJI XIANGMU SHIZHAN

南开大学出版社出版发行
出版人:刘文华
地址:天津市南开区卫津路 94 号　　邮政编码:300071
营销部电话:(022)23508339　营销部传真:(022)23508542
https://nkup.nankai.edu.cn

河北文曲印刷有限公司印刷　全国各地新华书店经销
2018 年 8 月第 1 版　2024 年 9 月第 8 次印刷
260×185 毫米　16 开本　15.5 印张　350 千字
定价:66.00 元

如遇图书印装质量问题,请与本社营销部联系调换,电话:(022)23508339

企业级卓越人才培养解决方案"十三五"规划教材
编写委员会

企业级卓越人才培养解决方案简介

企业级卓越人才培养解决方案（以下简称"解决方案"）是面向我国职业教育量身定制的应用型、技术技能人才培养解决方案。以教育部—滨海迅腾科技集团产学合作协同育人项目为依托，依靠集团研发实力，联合国内职业教育领域相关政策研究机构、行业、企业、职业院校共同研究与实践的科研成果。本解决方案坚持"创新校企融合协同育人，推进校企合作模式改革"的宗旨，消化吸收德国"双元制"应用型人才培养模式，深入践行基于工作过程"项目化"及"系统化"的教学方法，设立工程实践创新培养的企业化培养解决方案。在服务国家战略：京津冀教育协同发展、中国制造2025（工业信息化）等领域培养不同层次的技术技能人才，为推进我国实现教育现代化发挥积极作用。

该解决方案由"初、中、高"三个培养阶段构成，包含技术技能培养体系（人才培养方案、专业教程、课程标准、标准课程包、企业项目包、考评体系、认证体系、社会服务及师资培训）、教学管理体系、就业管理体系、创新创业体系等；采用校企融合、产学融合、师资融合的"三融合"模式，在高校内共建大数据（AI）学院、互联网学院、软件学院、电子商务学院、设计学院、智慧物流学院、智能制造学院等；并以"卓越工程师培养计划"项目的形式推行，将企业人才需求标准、工作流程、研发规范、考评体系、企业管理体系引进课堂，充分发挥校企双方优势，推动校企、校际合作，促进区域优质资源共建共享，实现卓越人才培养目标，达到企业人才招录的标准。本解决方案已在全国几十所高校开始实施，目前已形成企业、高校、学生三方共赢的格局。

天津滨海迅腾科技集团有限公司创建于2004年，是以IT产业为主导的高科技企业集团。集团业务范围已覆盖信息化集成、软件研发、职业教育、电子商务、互联网服务、生物科技、健康产业、日化产业等。集团以科技产业为背景，与高校共同开展"三融合"的校企合作混合所有制项目。多年来，集团打造了以博士、硕士、企业一线工程师为主导的科研及教学团队，培养了大批互联网行业应用型技术人才。集团先后荣获天津市"五一"劳动奖状先进集体、天津市政府授予"AAA"级劳动关系和谐企业、天津市"文明单位""工人先锋号""青年文明号""功勋企业""科技小巨人企业""高科技型领军企业"等近百项荣誉。集团将以"中国梦，腾之梦"为指导思想，在2020年实现与100所以上高校合作，形成教育科技生态圈格局，成为产学协同育人的领军企业。2025年形成教育、科技、现代服务业等多领域100%生态链，实现教育科技行业"中国龙"目标。

前　言

原型设计在产品研发初始阶段起着至关重要的作用,原型应用的普及,可帮助更多的产品进行改进,完善整体需求。在此期间,用户和开发人员需要就产品的各种问题进行沟通。使用原型设计作为双方沟通时的辅助介质不仅能够提高沟通的有效性,使双方充分理解产品的需求,而且还能以较低的成本,高度还原产品的原貌。

本书以各类项目原型为基础,通过实现不同的原型讲解 Axure RP 8 软件的使用及技术点,使读者能够根据需求使用 Axure 制作形象、生动的原型。本书通过八个项目的原型设计进行知识讲解:项目一通过完成 Axure RP 的安装讲解 Axure 软件的使用;项目二通过"微信个人主页"原型设计讲解元件库的使用;项目三通过"12306 购票网站"母版页原型设计讲解母版的使用;项目四通过"动态解锁"原型设计讲解动态面板的使用;项目五通过"腾讯 QQ 找回密码"原型设计讲解交互的使用;项目六通过"雅虎天气"原型设计讲解变量与函数的使用;项目七通过"微信公众号自动回复"原型设计讲解中继器的使用;项目八通过"项目原型的输出与发布"案例讲解原型的输出与发布。

本书每一个项目分为学习目标、学习路径、任务描述、任务技能、任务实施、任务总结、任务习题七个模块。通过学习目标确定本项目的重点知识内容,通过任务技能学习,可完成任务实施中的案例。在编写时采用由分到合的方式,由浅入深地对知识点进行讲解,此模式结构清晰、内容丰富能够将所学的知识点充分应用到原型制作中。

本书由李贞、吴蓓、邓越萍任主编,由王玲、康华、姜婷芳、李树真共同任副主编,李贞负责统稿,吴蓓、邓越萍负责全面内容的规划,王玲、康华、姜婷芳、李树真负责整体内容编排。具体分工如下:项目一至项目四由王玲、康华编写,吴蓓负责全面规划;项目五至项目八及附录由姜婷芳、李树真共同编写,邓越萍负责全面规划。

本书在理论方面通俗易懂、即学即用;实例操作讲解细致,步骤清晰,在本书中,操作步骤后有相对应的效果图,便于读者直观、清晰地理解案例内容。

天津滨海迅腾科技集团有限公司

技术研发部

目录

项目一 Axure RP 的安装

通过实现 Axure RP 工具的安装与使用,学习软件工程中原型设计的设计方式。了解原型设计的设计目的,熟悉原型设计的设计工具及设计原则,掌握 Axure RP 工具的应用范围。在任务实现过程中,

● 了解原型设计的基本内容。
● 熟悉原型设计软件 Axure RP 的使用方法。
● 掌握 Axure RP 的基本操作。
● 具有使用 Axure RP 设计工具进行原型设计的能力。

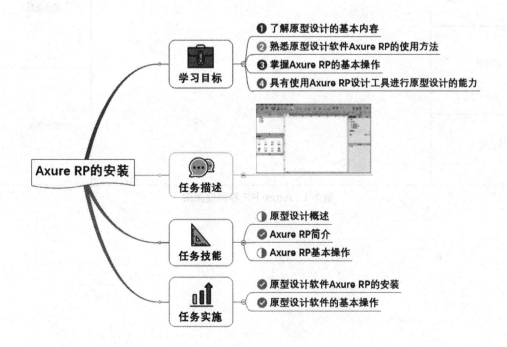

【情境导入】

随着软件工程发展日益成熟,原型设计已经成为项目开发中不可或缺的环节。Axure RP 作为一款专业的原型设计软件,也是最流行的原型设计工具之一,它能快速、准确地表达原型设计师的意图和想法。本任务通过 Axure RP 的安装,配合技能点的讲解,充分理解和掌握使用原型设计工具 Axure RP 进行原型设计的方法。

【功能描述】

● 原型设计软件 Axure RP 的安装。
● 原型设计软件的基本操作。

【基本框架】

Axure RP 界面基本框架如图 1-1 所示,通过本次任务的学习,熟悉 Axure RP 原型设计软件的安装与界面的布局,界面如图 1-2 所示。

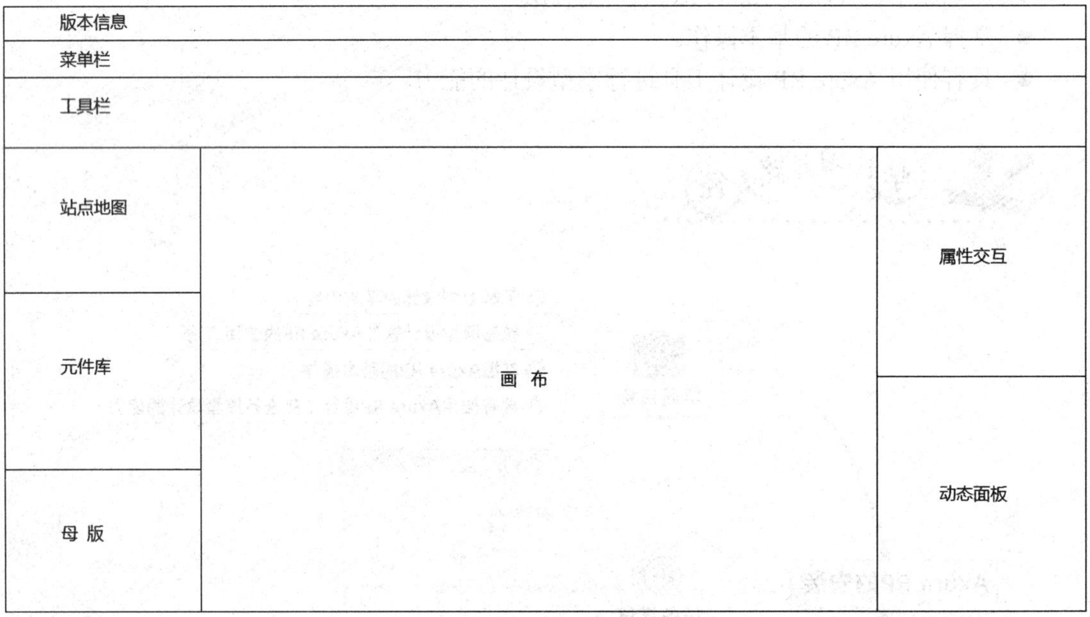

版本信息		
菜单栏		
工具栏		
站点地图	画　布	属性交互
元件库		
母　版		动态面板

图 1-1　Axure RP 界面框架图

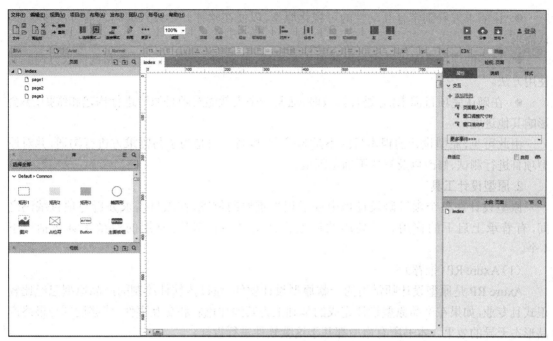

图 1-2 Axure RP 界面示意图

技能点一 原型设计概述

在软件工程日益发展并趋于成熟的今天,原型设计已经成为项目开发过程中不可或缺的一部分,设计师可根据项目需求将项目需求说明书中的文字内容转化成图像化的可交互用户界面。绝大多数需求方本身并不懂得设计知识,也不懂得编程知识。原型设计可以帮助需求方理解原型设计师与开发者的设计理念与构想,让需求方能更好地查看预期效果并及时进行反馈,方便设计师在最终版本敲定之前进行必要的调整。这也是原型设计的优势,它可以有效地避免重要元素被忽略,也能够防止需求方做出不准确、不合理的假设。

1. 原型设计目的

通过大量的市场调查及数据分析发现,超过 50% 的软件或系统开发是失败的,其中最主要的原因在于传统的工作表中所储存的成千上万的需求与文件不适合目前快速发展的环境,而制作原型是一个有效的简化文档编制、早期辨认需求遗漏、将外在需求风险降到最低的方法。原型设计能够将产品以动态图像或模型的形式展现给需求方,使需求方在体验产品效果和功能方面获得较为真实的感受,便于双方在此产品的基础上进行讨论,并完善其设计思想。原型设计目的大致可分为以下 3 种。

● 让需求方看到带有互动性的可视化原型,以便在软件开始投入编码之前再次核实、确认需求。

● 最终的项目界面设计由技术研发人员完成,前期的原型交互设计能帮助需求方理解其使用方法。

● 在确认完项目需求,并进行修改时,通常一个人就能对项目原型进行构建和维护,不会影响其他进度。

由此可见,原型设计的根本目的不是为了交付项目,而是为了与需求方进行沟通,并对原型项目进行测试、修改以及解决不确定因素。

2. 原型设计工具

原型设计在整个项目研发过程中处于相当重要的位置,在项目需求分析与项目编码之间,有着承上启下的作用。可使用的原型设计工具多种多样,常用的原型工具包括以下 4 个。

(1) Axure RP(推荐)

Axure RP 是原型设计师常用的一款原型设计软件,通过该软件绘制的产品原型已经比较正式且专业,如果在产品原型设计完成的基础上为其添加色彩和交互事件,能够达到与最终产品形态无异的效果。本书所有原型都基于这款软件进行设计。

(2) JustinMind

JustinMind 是一款致力于制作高保真原型的设计工具。它默认提供绘画工具、拖放位置、格式设置和导出 / 导入的功能。原型设计师可以根据自身需求创建自定义组件、自定义组件库,并对其进行分类。该软件的使用需要一定的学习基础,如果要创建复杂的高保真原型,可以尝试这款工具。

(3) InVision

InVision 是一款设计原型交互的工具。使用 InVision 能将静态网页或移动原型快速转变为具有交互效果的动态原型,支持使用者在原型的任何地方进行标记,便于沟通交流,且让使用者在视觉上有更直接的体验。

(4) Pencil

Pencil 是一款专业的原型图绘制软件。这款软件能够帮助原型设计师快速地进行原型图的绘制。Pencil 内置多种原型图设计模板、背景文档等,不仅支持导出 Word、HTML、PNG 等格式文件,还可以用来绘制各种架构图和流程图,同时还提供 Firefox 的插件。

3. 原型设计原则

(1) 理解需求及设计要求

在制作原型之前,要通读关于原型的所有需求文档及设计文档,不仅要了解需求方的项目需求,还要与需求方进行及时有效的沟通。在原型制作过程中,要清楚地表达出项目流程和功能,不能让需求方感觉复杂、冗余。

(2) 初具规划后在做原型

在制作原型之前,要对原型设计进行思考和规划,在纸上画出草图,这样可以避免原型设计师过多关注一些不需要讨论的元素,有利于原型的基本设计。

(3) 提出讨论点

在进行原型设计讨论时,需要原型设计师提出讨论点,引导需求方对原型有较为明确的关注点,提醒他们需要讨论和关注的重点是什么,而不是执着于色彩或图片大小等不应过分关注的问题。

（4）原型不能"模糊"

制作原型是为了给需求方展示产品预期效果,制作过程中一定要使用具象的图像或文字清晰地表达想法,而不应给出抽象的"模糊"概念。不要让需求方凭想象去补全原型,要展示真实的原型,只有这样,需求方的反馈才是真实的。

（5）快速迭代

原型要便于修改,具有高度弹性。对于交由原型设计师讨论或需求方评测后所收到的反馈意见,要能够以低成本快速修改。

技能点二　Axure RP 简介

Axure RP（以下简称 Axure）是一款专业的快速原型设计工具。这款软件可以让设计师根据前期需求文档、功能设计文档快速地创建原型的线框图、流程图、原型和规格说明文档,并且支持多人协作和版本控制管理。使用 Axure 软件的根本原因是它具有专业、快速和容易上手等优点,使用它可以完成从框线图到原型的完整设计。

1.Axure 的主要功能

（1）创建网站架构图

Axure 可以快速地创建站点式导航地图和绘制树状架构图,而且通过页面交互可以将页面节点正确地连接到架构图中对应的节点上,其效果如图 1-3 和图 1-4 所示。

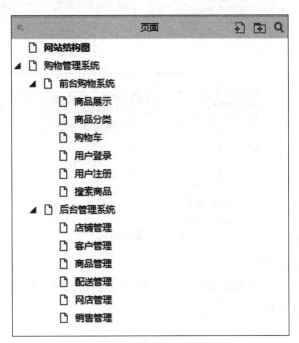

图 1-3　站点导航地图

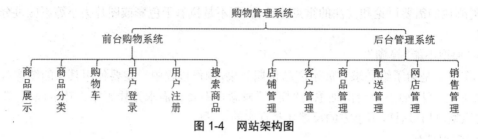

图 1-4　网站架构图

（2）绘制流程图

Axure 提供了丰富的流程图元件,利用这些元件可以绘制出流程图,从而使设计者更加清楚原型项目的功能结构及流程,其流程图绘制如图 1-5 所示。

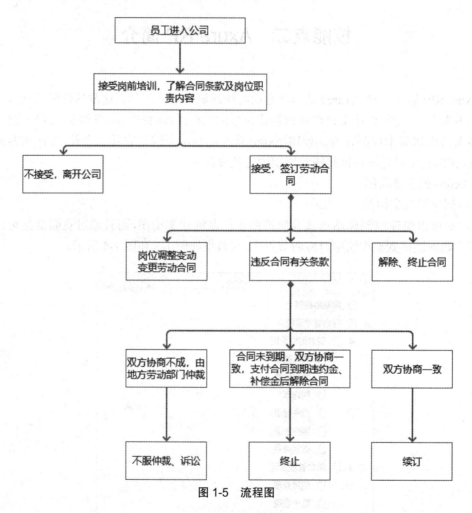

图 1-5　流程图

（3）设计静态示意图

Axure 内置的元件库中有按钮、图片、下拉框和文字面板等元件,使用这些元件可以轻松地设计出如图 1-6 所示界面。

图 1-6　静态示意图

（4）交互设计

Axure 中大部分元件都可以对一个或者多个事件产生行为或者动作，包括鼠标单击时事件、鼠标移入时事件、鼠标移出时事件等。以鼠标移入时事件为例，效果如图 1-7 和图 1-8 所示。

图 1-7　鼠标移入左下角图片前

图 1-8　鼠标移入左下角图片后

（5）输出各种规格的文件

Axure 可以将原型输出为各种格式的文件，如 Word、HTML 文件等，可用于项目研发，可为前端开发工程师节省大量的时间。

2. Axure 工作区间

Axure RP 8 发布后,增加了新的功能,现阶段的工作区间简洁,精简了许多区域,使操作更加便捷,方便设计师进行设计,其界面区域如图 1-9 所示。

图 1-9　Axure 界面区域

（1）菜单栏

Axure 的菜单栏与其他大部分软件一样,具有常规的"文件""编辑""视图"等功能。除此之外,Axure 还包括"布局""发布""团队"等菜单。

（2）工具栏

工具栏可以对页面编辑进行一些快捷操作,它由两部分组成,包括上半部的工具按钮和下半部的选项栏。选项栏中主要有"字体设置""大小设置""页面显示大小"以及 Axure 自带的一些快捷操作等。

（3）站点地图

站点地图呈树状结构,可进行添加、删除页面的操作,也可对已有的页面进行重命名操作。

（4）元件库

存放 Axure 自带的各种元件库,也可存放导入的第三方元件库。在使用时,只需选中元件库中元件直接拖拽到画布区域即可。

（5）母版

母版主要用来新建和管理母版页面。

（6）属性交互

属性交互区域也称作页面和元件的属性区,此区域包括属性、说明和样式三个模块。

（7）动态面板

动态面板主要用于对动态面板进行直接的管理。

（8）画布

画布是绘制产品原型的区域,界面的设计布局都在该区域内完成。

技能点三　Axure RP 基本操作

1. 使用标尺

标尺工具默认出现在画布的上方和左方,单位为像素,使用标尺能够帮助设计师更加精准地设计原型。标尺如图 1-10 标出部分所示。

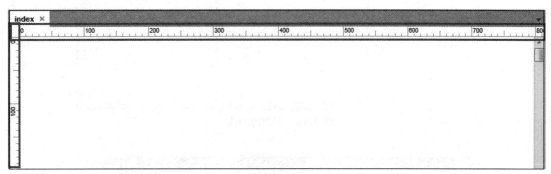

图 1-10　标尺

2. 使用辅助线

在原型制作过程中,使用辅助线可帮助设计师进行元件尺寸和界面布局调整。Axure 中的辅助线根据功能不同可分为"全局辅助线""页面辅助线""自适应视图辅助线"和"打印辅助线"。各辅助线的用途和创建方法如下。

（1）页面辅助线

页面辅助线只能用于当前页面。创建方法为:将光标移动到标尺上,向画布方向拖动鼠标即可,页面辅助线默认为蓝色,效果如图 1-11 所示。

（2）全局辅助线

全局辅助线可作用于所有页面,包括即将创建的新页面。创建方法为将光标移动到标尺处,按住"Ctrl"键,同时向画布方向拖动鼠标即可创建全局辅助线,全局辅助线默认为紫色。效果如图 1-12 所示。

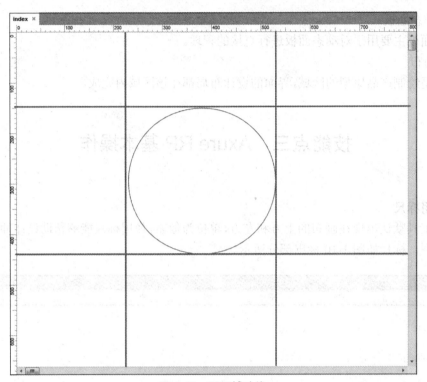

图 1-11　页面辅助线

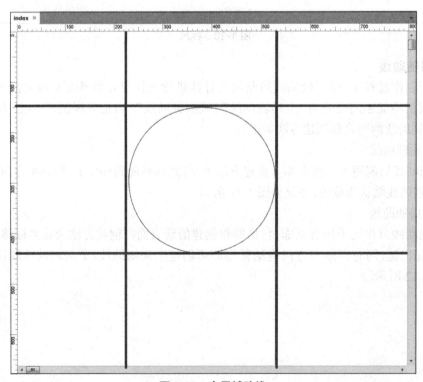

图 1-12　全局辅助线

（3）自适应视图辅助线

自适应视图辅助线属于高级应用，在 Axure 中，使用"自适应视图"可以根据浏览设备的分辨率不同来展示对应的界面。例如，PC 浏览就显示 PC 样式，手机浏览就显示手机的样式。自适应辅助线要在"自适应视图"中进行设置，首先选中页面，在如图 1-13 所示界面中勾选"启用"单选框。继续点击"启用"右侧按钮，弹出如图 1-14 所示窗口。点击"预设"，选择对应的分辨率，设置完成后点击"确定"，关闭窗口自动创建如图 1-15 所示自适应辅助线。

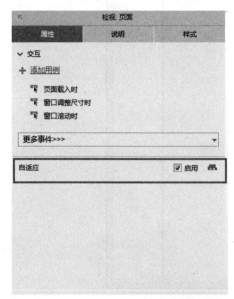

图 1-13　开启自适应视图

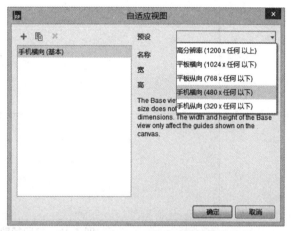

图 1-14　设置自适应辅助线格式

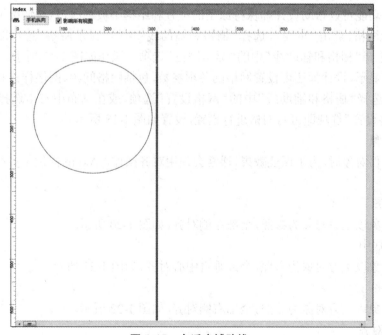

图 1-15　自适应辅助线

（4）打印辅助线

打印辅助线可帮助设计师进行打印的基本设置，显示正确的打印页面。当用户设置好尺寸后，选中页面右击，选择"栅格和辅助线"中的"显示打印辅助线"，页面将显示打印辅助线，默认为灰色，效果如图 1-16 所示。

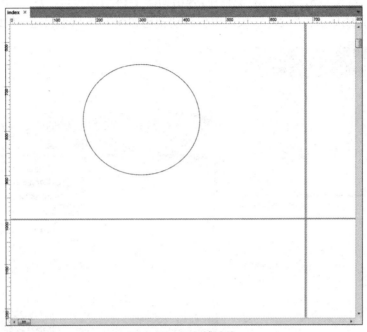

图 1-16　打印辅助线

3. 使用网格

使用网格功能可以帮助设计师保持原型的位置和结构不被篡改，默认情况下，网格不会显示。若想显示网格，点击"布局"，选择"栅格和辅助线"中的"显示网格"选项即可；或在画布中直接右击，选择"栅格和辅助线"中的"显示网格"选项。操作如图 1-17 所示。

除了网格显示，设计师还可设置网格的各项参数，包括网格间距、网格样式和网格颜色等。点击"布局"，选择"栅格和辅助线"中的"网格设置"选项，或在画布中右击选择"栅格和辅助线"中的"网格设置"选项即可对网格进行设置，设置如图 1-18 所示。

4. 操作对象

当拖动元件对象时，为了保证效果，通常会使用对齐操作，Axure 提供了多种对齐方式，如图 1-19 所示。

（1）左对齐

将所选对象以上方对象为参照，全部左侧对齐，如图 1-20 所示。

（2）左右居中

将所选对象以上方对象为参照，全部垂直中心对齐，如图 1-21 所示。

（3）右对齐

将所选对象以上方对象为参照，全部右侧对齐，如图 1-22 所示。

（4）顶部对齐

将所选对象以左侧对象为参照，全部顶部对齐，如图 1-23 所示。

（5）上下居中

将所选对象以左侧对象为参照，全部水平中心对齐，如图 1-24 所示。

（6）底部对齐

将所选对象以左侧对象为参照，全部底部对齐，如图 1-25 所示。

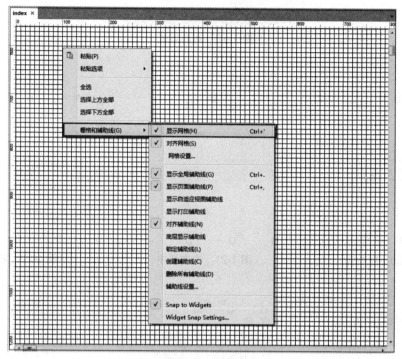

图 1-17　网格

图 1-18　网格属性

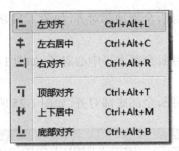

图 1-19   对齐方式

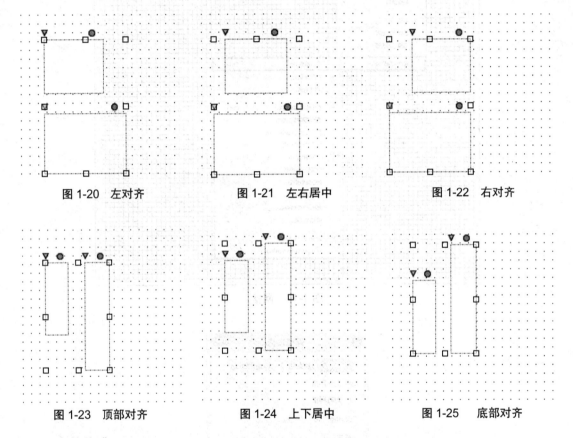

图 1-20   左对齐   图 1-21   左右居中   图 1-22   右对齐

图 1-23   顶部对齐   图 1-24   上下居中   图 1-25   底部对齐

5. 存储格式

Axure 保存文件时支持 3 种存储格式：RP 文件格式、RPPRJ 文件格式和 RPLIB 文件格式。不同的文件格式的使用方式也不同。

（1）RP 文件格式

RP 文件格式是指单一用户模式，是使用 Axure 进行原型设计时创建的单独文件。这是 Axure 默认的存储文件格式。以 RP 格式保存的文件作为单独文件存储在本地硬盘上。

（2）RPPRJ 文件格式

RPPRJ 文件格式是指团队协作的项目文件，通常用于多人共同处理一个复杂项目时所使用的文件格式。

（3）RPLIB 文件格式

RPLIB 文件格式是指自定义元件库模式，该文件格式用于创建自定义的元件库，设计师可从网络下载 RPLIB 文件格式的第三方元件库使用，也可自己制作元件库并将其分享给其他成员。

6. 自动备份

在原型设计过程中，设计师可设置自动备份功能。具体操作：点击"文件"选择"自动备份设置"，弹出"备份设置"窗口。设计师可在该窗口设置是否开启自动备份功能和间隔时长，如图 1-26 所示。

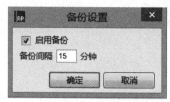

图 1-26　自动备份窗口

7. 还原与恢复

在项目原型设计的过程中，难免出现文件意外丢失的情况。如果出现意外，可以点击"文件"选择"从备份中恢复文件"，弹出"从备份中恢复文件"窗口，设计师可在该窗口根据备份时间不同选择所需恢复的文件，如图 1-27 所示。

自动备份日期/时间	文件名
2018/4/11 14:33:41	滑动解锁.rp
2018/4/11 14:18:41	滑动解锁.rp
2018/4/11 14:03:55	滑动解锁.rp
2018/4/11 14:03:40	轮播图.rp
2018/4/11 13:48:40	轮播图.rp
2018/4/11 13:45:53	轮播图.rp
2018/4/11 13:33:40	未命名.rp
2018/4/11 13:18:40	未命名.rp
2018/4/11 13:03:40	未命名.rp
2018/4/11 8:12:49	弹出"成功添加至购物车".rp
2018/4/10 11:23:14	樱花.rp

（显示文件范围：最近 5 天　建议您使用新文件名保存恢复的文件，以避免覆盖您最近保存的文件。）

图 1-27　从备份中恢复文件窗口

在了解 Axure 的优势和基本使用方法后，接下来讲解 Axure 的下载与安装。

第一步：登录 Axure 软件的官方下载网站"https://www.axure.com/download"，下载 Axure

及其相关插件。

　　第二步：双击打开已下载的应用程序，等待进度条加载完毕，在弹出的安装界面中单击"Next"按钮，进入下一步，如图 1-28 所示。

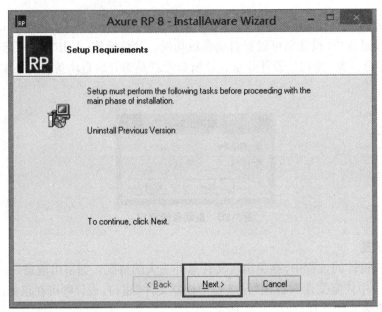

图 1-28　安装界面

　　第三步：在软件安装协议界面，勾选"I Agree"复选框，单击"Next"按钮继续，软件安装协议界面如图 1-29 所示。

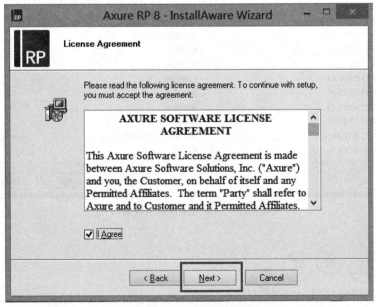

图 1-29　安装协议界面

　　第四步：在软件安装路径界面，可以通过直接输入软件安装地址或者单击"Browse"改变安装路径,也可以不做改变,直接安装在默认目录下。设置完成后,单击"Next"按钮,软件安装路径界面如图 1-30 所示。

　　第五步:在创建快捷方式界面,一般选择默认选项即可,单击"Next"按钮继续,创建快捷方式界面如图 1-31 所示。

　　第六步:在该界面点击"Next"按钮,进入最后的安装阶段,如图 1-32 所示。

　　第八步:在安装完成界面,勾选"Run Axure RP 8",单击"Finish"完成安装,安装完成界面如图 1-33 所示。

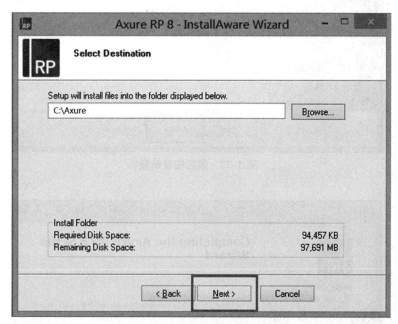

图 1-30　软件安装路径界面

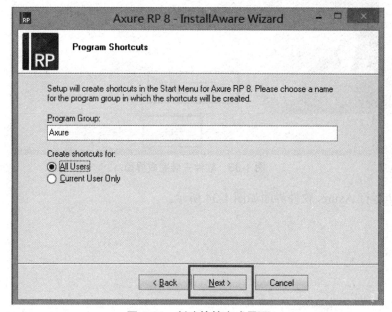

图 1-31　创建快捷方式界面

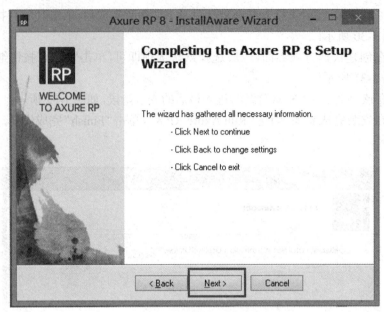

图 1-32　最后安装阶段

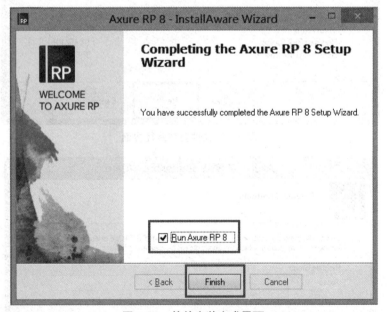

图 1-33　软件安装完成界面

安装完毕运行 Axure,软件界面如图 1-34 所示。

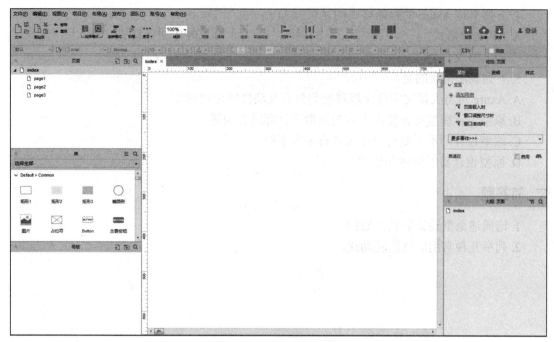

图 1-34　Axure 软件界面

本任务实现了 Axure 的下载与安装,对原型设计阶段的设计工具进行讲解,对设计师常用的 Axure 原型设计工具的基本界面和操作进行介绍,并对原型设计原则进行总结,使设计师能在遵守原型设计规则的前提下快速、专业地进行项目原型设计。

一、选择题

1. 下列不属于原型设计工具的是(　　　)。

A. Axure RP　　　　　　　　　　　　　B. Word

C. Pencil　　　　　　　　　　　　　　D. JustinMind

2. 下列不是 Axure 的基本操作的是(　　　)。

A. 标尺使用　　　　　　　　　　　　　B. 辅助线使用

C. 交互使用　　　　　　　　　　　　　D. 网格使用

3. 下列使用 Axure 无法完成的是(　　　)。

A. 静态资源图　　　　　　　　　　　　B. 复杂数据操作的网站

C. 流程图　　　　　　　　　　　　　　D. 网站架构图

4. 下列不是 Axure 的存储格式的是（　　）。

A. RP 文件格式　　　　　　　　　　　　　B. RPPR 文件格式

C. RPLIB 文件格式　　　　　　　　　　　　D. RPPRJ 文件格式

5. 下列说法错误的是（　　）。

A. Axure 可将大量文字性文档转变为带有互动性的可视画面

B. 原型设计模型可方便需求方与原型设计师进行沟通

C. 原型设计师不需要对设计项目有多大了解

D. 原型设计易于构建和维护

二、简答题

1. 请简述原型设计的设计原则。

2. 列举几种常用的页面辅助线。

项目二　微信个人主页原型设计

通过实现"微信个人主页"的原型设计，学习 Axure 元件库的相关知识。了解 Axure 自带的 3 种基础元件库，熟悉每个元件的属性及样式，掌握第三方元件库的导入方式及自定义元件库。在任务实现的过程中，

- 了解默认元件库中的 4 类元件。
- 熟悉不同元件的不同属性。
- 掌握元件的使用方法。
- 具有使用自定义元件库设计原型的能力。

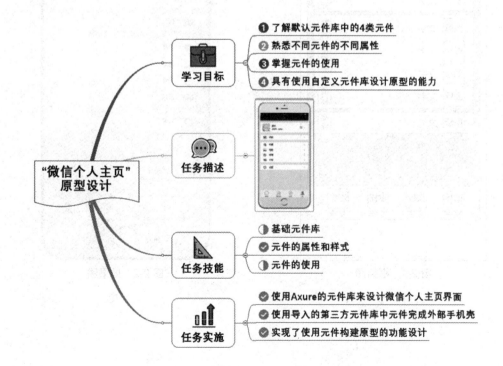

【情境导入】

微信以其多种功能的配置和简洁的界面设计吸引了大多数用户,现已成为大多数人传达信息、分享生活动态的首选。本次任务主要通过使用默认元件库以及第三方元件库中的元件,实现"微信个人主页"的原型设计。

【功能描述】

本任务主要完成"微信个人主页"原型的设计,页面内显示的是微信个人主页界面的信息,包含头像、微信号、钱包、收藏、相册、表情、卡包和设置等。具体功能实现包括:

- 使用 Axure 的元件库来设计微信个人主页界面。
- 使用导入的第三方元件库中元件完成外部的手机模型。
- 实现使用元件构建原型的功能设计。

【基本框架】

基本框架如图 2-1 所示,通过本次任务的学习,效果图如图 2-2 所示。

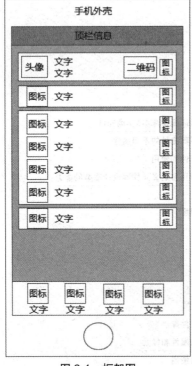

图 2-1　框架图

图 2-2　效果图

技能点一 基础元件库

元件库可以对所有的元件进行管理。Axure 自带 3 个元件库，分别是默认元件库(Default)、流程图元件库(Flow)和图标元件库(Icons)。以下将对 Axure 自带元件库进行介绍。

1. 默认元件库

默认元件库中包含一些常用的元件，这些元件可分为 4 类，分别是 Common、Forms、Menus and Table 和 Markup。默认元件库界面如图 2-3 所示。

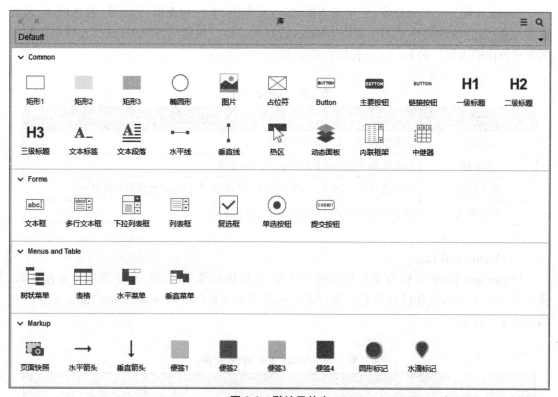

图 2-3 默认元件库

（1）Common

Common 又称为基本元件库，包括构建页面时用到的形状、图片、按钮、文字、线段、热区等基本元件。对 Common 元件的介绍如表 2-1 所示：

表 2-1　Common 元件

元件类别	元件用法
形状元件	一般用于页面中的背景形状,也可以用于分割框、按钮等
图片元件	用于处理页面中的图片,通常用于为页面添加图片
按钮元件	主要用于在页面中添加按钮,生成链接
文字元件	通常用于在页面中处理文字,添加标题、简介和正文等
线段元件	包括水平线和垂直线,在页面中通常作为分割线或箭头使用
热区元件	可用于扩大点击区域,是一个透明的元件
动态面板	容器类元件,主要用于多状态面板的切换
内联框架	容器类元件,可在页面中嵌入其他页面或某个链接指向的页面或多媒体文件
中继器	容器类元件,通常用于存储管理数据

（2）Forms

Forms 又称为表单元件库,包括文本框、多行文本框、下拉列表框、列表框、复选框、单选按钮和提交按钮,这些都是页面中常用于输入、选择的元件。在前端开发中,这些元件可以制作成各种各样的表单。对 Forms 元件的介绍如表 2-2 所示:

表 2-2　Forms 元件

元件类别	元件用法
文本框	文本框和多行文本框用于输入文字
列表框	列表框和下拉列表框用于输入列表选项
单选按钮	用于选择某一选项,一般会有多个单选按钮,但是只允许用户选择一个
提交按钮	用于表单的提交,可将表单提交到服务器

（3）Menus and Table

Menus and Table 又称为菜单与表格元件库,包括树状菜单、表格、水平菜单和垂直菜单。该元件主要用于对设计样式没有要求或者要求较低的线框图。对 Menus and Table 元件的介绍如表 2-3 所示。

表 2-3　Menus and Table 元件

元件类别	元件用法
树状菜单	通常用于网站后台的功能列表
表格	可在页面中单独呈现,也可以用来制作列表。在 Axure 中,不支持合并单元格
水平菜单和垂直菜单	通常用于页面中的导航栏

（4）Markup

Markup 又称为标记元件库，主要用来标注或展示界面业务流程。

2. 流程图元件库

流程图元件库包含构建流程图所需要的各种流程图的形状，使用流程图可以更清晰、直观地说明设计页面的过程以及功能。流程图元件库如图 2-4 所示。

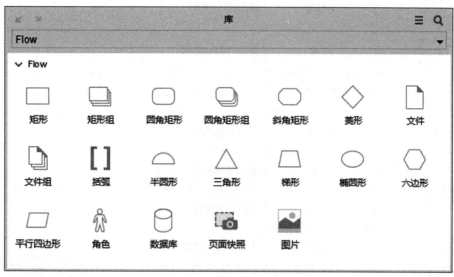

图 2-4　流程图元件库

流程图元件库中每个流程图元件都有其特定的含义，为了保证流程图制作的正确性，必须了解每个流程图元件的含义。对流程图各元件含义的介绍如表 2-4 所示。

表 2-4　流程图元件库各元件含义

元件	名称	含义
	矩形	表示执行
	矩形组	表示多个执行
	圆角矩形	表示程序的开始或结束
	圆角矩形组	表示多个开始或结束
	斜角矩形	不常用，可以自定义
	菱形	表示判断

续表

元件	名称	含义
	文件	表示一个文件
	文件组	表示多个文件
 [ ]	括弧	表示注释或说明
	半圆形	表示页面跳转的标记
 △	三角形	表示数据的传递
	梯形	表示手动操作
○	椭圆形	表示流程的结束
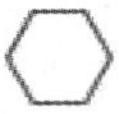	六边形	表示准备或起始
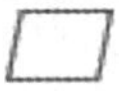	平行四边形	表示数据的处理或输入
	角色	模拟流程中执行操作的角色
	数据库	指保存数据的数据库
	页面快照	引用项目内某一页面的缩略图
	图片	表示一张图片

在画布中布置完流程图元件后，在工具栏中选择连接模式，即可对流程图元件进行连接。

3. 图标元件库

图标元件库是 Axure 团队根据 Font Awesome 图标字体中的各种图标制作的形状元件。Axure 软件系统中自带 Font Awesome 图标字体文件，使用时直接拖动图标元件到画布即可。图标元件库界面如图 2-5 所示。

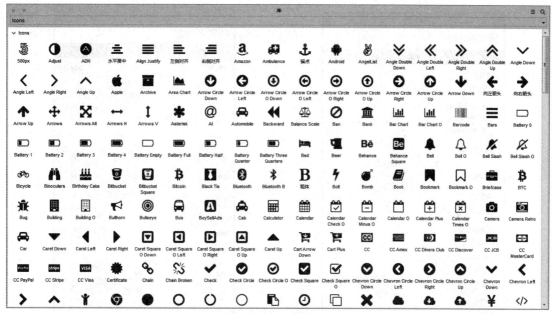

图 2-5 图标元件库

技能点二 元件的属性和样式

在进行原型设计的过程中,若想使用元件库中的元件制作出效果丰富且精美的页面,就需要熟悉每个元件的使用方法和属性,并设置其样式。

1. 元件的属性

元件的属性和样式设置选项分布于画布右侧,其设置界面如图 2-6 和图 2-7 所示。

不同的元件所对应的属性也不同。以"矩形"元件和"热区"元件为例,对矩形元件能够设置其交互样式,对热区元件则不能。其属性界面分别如图 2-8 和图 2-9 所示。

以矩形元件为例,了解元件的属性。创建"矩形"元件,添加交互样式。设置"鼠标悬停"时,填充颜色设置为红色,点击确定。操作示意图如图 2-10 所示。

点击"预览",查看效果,当鼠标悬停到矩形区域时,矩形元件变为红色。

2. 元件的样式

在使用元件绘制原型图时,可以为元件设置样式。每个元件的样式内容都是一致的,但根据元件的不同,其样式设置中会有部分相应功能是禁止修改的。

通过对比"矩形"元件和"热区"元件发现:对"矩形"元件进行样式设置时,除"箭头样式"选项禁止修改,其他都可以设置;而"热区"元件样式则全部禁止修改。其设置如图 2-11 和图 2-12 所示。

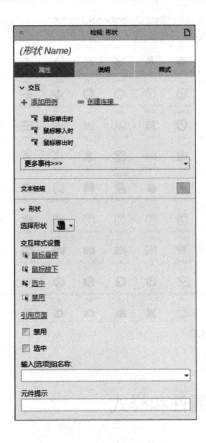

图 2-6　元件属性窗口　　　　　　　　　　　　图 2-7　元件的样式窗口

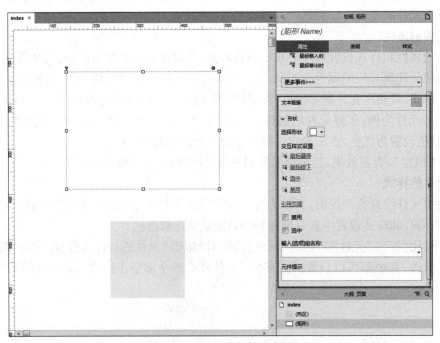

图 2-8　矩形原件属性示意图

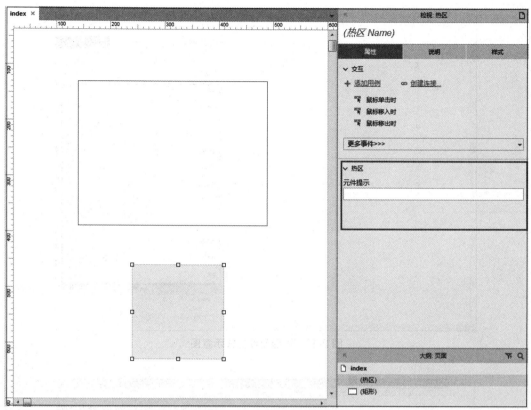

图 2-9　热区元件属性示意图

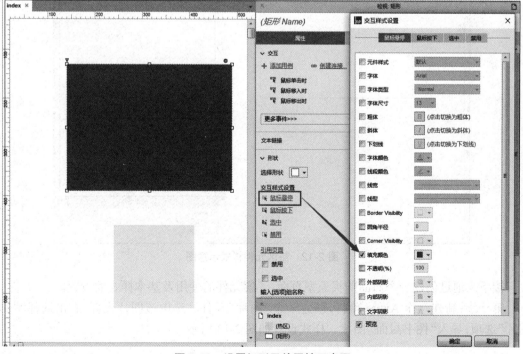

图 2-10　设置矩形元件属性示意图

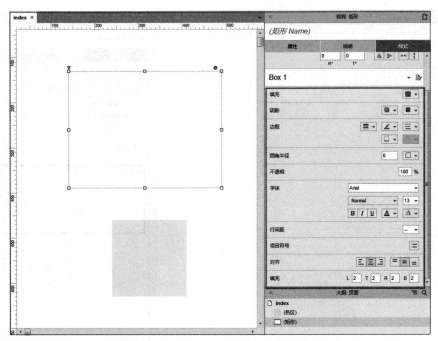

图 2-11　矩形元件样式示意图

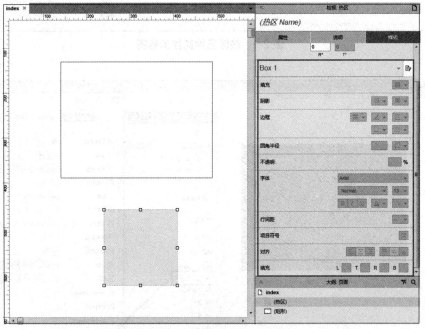

图 2-12　热区元件样式示意图

接下来通过创建一个商品购买原型页面，了解元件的使用及基本样式的设置。

第一步：新建一个 Axure 项目，创建一个"图片"元件。选中该图片元件，右击选择"导入图片"选项，导入"图书封面"图片。样式设置如图 2-13 所示。

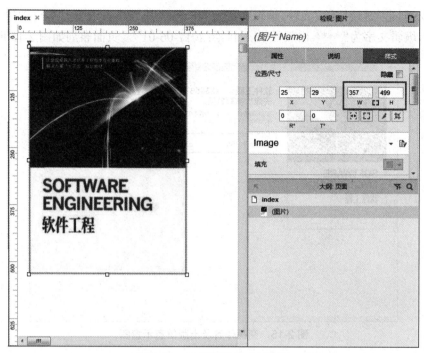

图 2-13　设置商品样式示意图

第二步：创建"一级标题"元件，双击该元件对文字进行编辑。编辑文字为"软件工程 1234567890 ＊＊＊＊出版社 天津＊＊＊有限公司"。创建"文本段落"元件，编辑文字为"超级畅销图书升级！学习软件工程的必备图书，内容全面，案例经典，深入浅出，快速入门"。页面布局如图 2-14 所示。

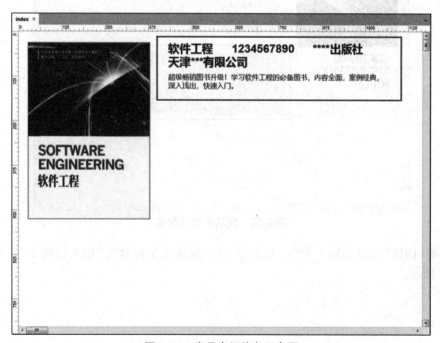

图 2-14　商品介绍信息示意图

第三步：创建"链接按钮"元件，编辑文字为"作者：天津 *** 有限公司"，再创建一个"文本标签"元件，编辑文字为"**** 出版社 出版日期：2017-06-01"。页面布局如图 2-15 所示。

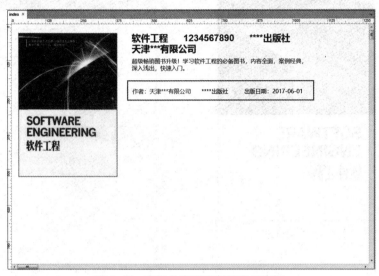

图 2-15　商品作者及出版信息示意图

第四步：创建"矩形"元件，颜色设置为"#D7D7D7"，宽度设置为 605，高度设置为 148。创建三个"文本标签"元件，编辑文字内容并设置属性。页面布局如图 2-16 所示。

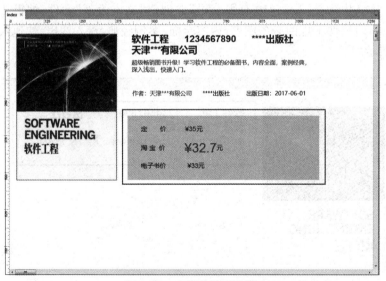

图 2-16　商品价格示意图

第五步：创建"主要按钮"元件。双击该元件，编辑文字内容为"加入购物车"。最终效果如图 2-17 所示。

图 2-17 购物车按钮示意图

技能点三 元件库的使用

在实际的原型设计中,默认的元件库往往无法满足设计师的需求。这时便可以从 Axure 的官网下载更多的第三方元件库或使用自定义元件库来完成原型的设计。

1. 第三方元件库

随着 Axure 软件的使用者逐渐增多,Axure 软件官方的元件库种类也越来越丰富,不仅包含 IOS 风格控件的元件库,还包含 Android 风格控件的元件库以及许多针对各种应用的常用模板。元件库的下载也十分便捷,点击元件库右上角的菜单按钮,在弹出的列表中选择"下载元件库",如图 2-18 所示。

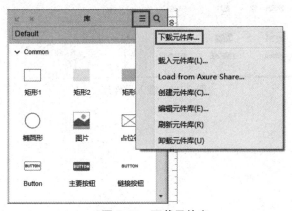

图 2-18 下载元件库

点击"下载元件库",自动跳转到 Axure 官网,在官网中选择需要的元件库点击下载,保存到相应位置即可,如图 2-19 所示。

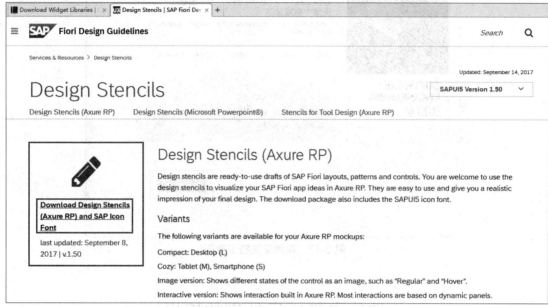

图 2-19　要下载的元件库

元件库下载完成后需要将其导入到 Axure 软件中使用。在元件库区域点击右上角的"菜单",在弹出的列表中选择"载入元件库",如图 2-20 所示。

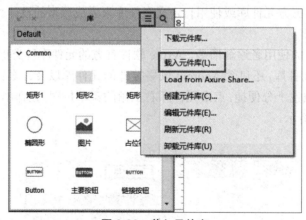

图 2-20　载入元件库

选中已下载的元件库点击"打开"即可将元件库导入到 Axure 软件中,如图 2-21 所示。

图 2-21　选择要载入的元件库

在软件的元件库区域,点击下拉三角就可以找到导入的元件库,如图 2-22 所示。

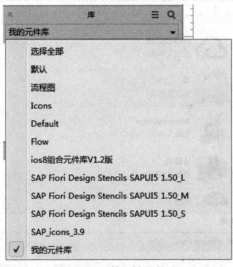

图 2-22　载入的元件库

2. 自定义元件库

在原型制作过程中,有时下载的元件库并不能满足制作的需求,而且使用起来也不是很方便。这时原型设计师便会自己设计元件库,接下来介绍自定义元件库的制作。

点击元件库区域点击右上角的菜单,在弹出的列表中选择"创建元件库",如图 2-23 所示。

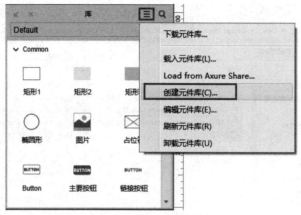

图 2-23　创建元件库

在弹出的对话框中选择保存的路径,并将元件库命名为"我的元件库",点击"保存"。操作如图 2-24 所示。

图 2-24　选择元件库的位置

元件库创建完成后,即可在元件库中添加自己需要的元件。下面以制作手机外框的元件为例,介绍自定义元件的使用方法。

第一步:在"我的元件库"中找到"新元件 1",并重命名为"手机框",如图 2-25 所示。

图 2-25　新建的手机框页面

第二步：创建"矩形"元件，宽度设置为 290，高度设置为 500，圆角半径设置为 25，设置如图 2-26 所示。

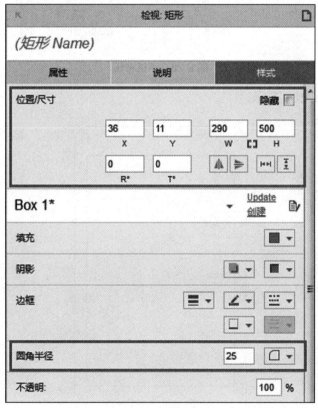

图 2-26　手机框样式

第三步：创建"矩形"元件，宽度设置为250，高度设置为380，设置如图2-27所示。

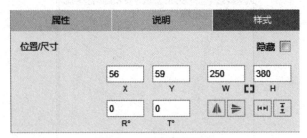

图 2-27　手机屏幕设置

第四步：创建"椭圆形"元件，宽度设置为40，高度设置为40，设置如图2-28所示。

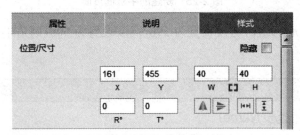

图 2-28　手机按钮

最终效果图如图 2-29 所示。

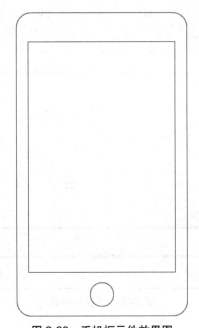

图 2-29　手机框元件效果图

第五步：保存制作好的元件，然后在元件库区域点击右上角的菜单，在弹出的列表中选择"刷新元件库"，操作如图 2-30 所示。

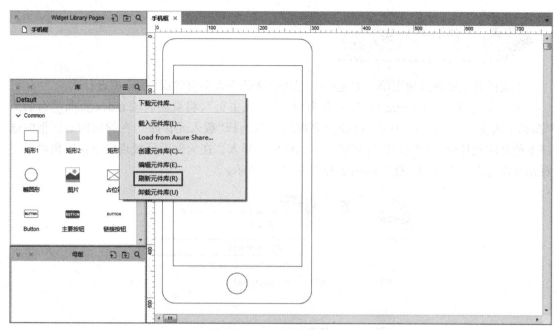

图 2-30　刷新元件库

　　第六步：点击元件库的列表，在列表中找到"我的元件库"，查找自定义的元件。操作如图 2-31 和图 2-32 所示。

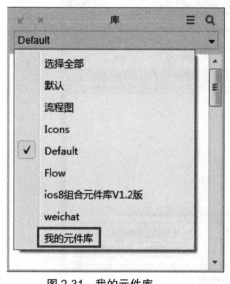

图 2-31　我的元件库

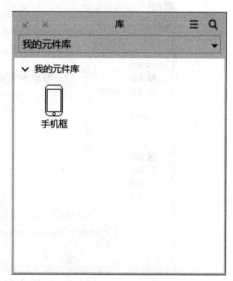

图 2-32　手机框元件

　　制作完成并存放在元件库中的元件，在制作其他项目原型时可以直接拖拽使用。自定义元件库中可根据项目需求制作相应的元件，使项目原型更加形象贴切，制作更快、更便捷。

本次任务主要通过使用第三方元件库,完成"微信个人主页界面"的原型设计。

第一步:新建一个 Axure 项目,命名为"微信个人主页",将页面区域 index 页面重命名为"微信个人主页"。点击元件库区域的"菜单选项",选择"载入元件库",在弹出的对话框中选择下载好的元件库,点击打开,完成第三方元件库的导入。在元件库区域点击下拉三角可以查看元件库是否导入成功。操作如图 2-33 至图 2-35 所示。

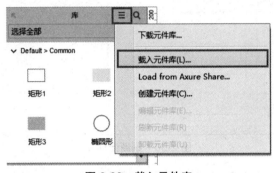

图 2-33　载入元件库

图 2-34　选择元件库

图 2-35 载入的元件库

第二步：在导入的"ios8 组合元件库 V1.2 版"元件库中找到外壳元件拖动到画布。在元件库中将"状态栏 B（黑）"拖动到画布中手机屏幕的顶端。操作如图 2-36 和图 2-37 所示。

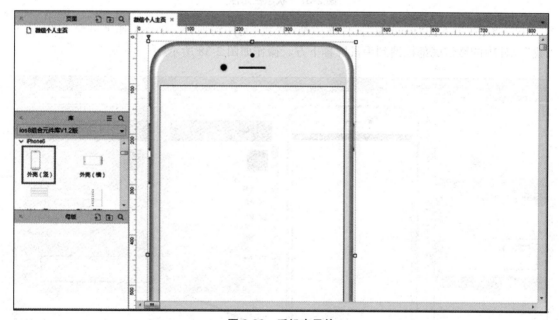

图 2-36 手机壳元件

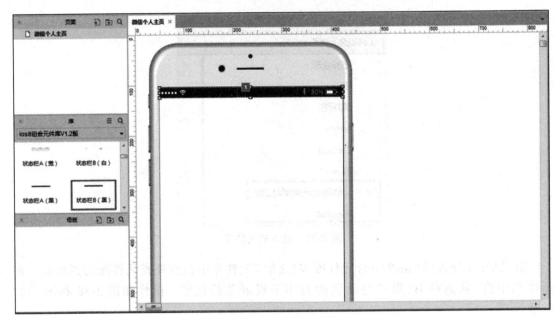

图 2-37　状态栏元件

　　第三步：在导入的"weichat"元件库中拖动"我"元件到画布。缩小工作区域至 65%，选中"我"元件中的微信底部拖拽到手机屏幕下方。操作如图 2-38 所示。

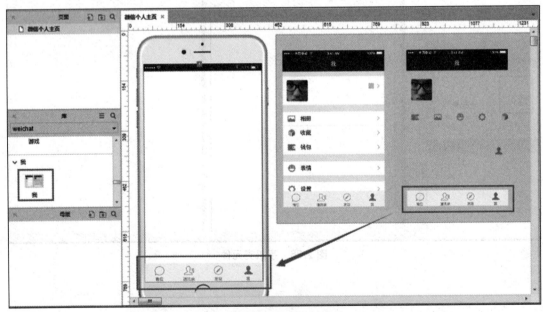

图 2-38　个人主页底部元件

　　第四步：创建"矩形"元件，宽度设置为 377，高度设置为 40，填充颜色设置为"#35343A"，边框设置为无，放到状态栏下边，创建"文本标签"，编辑文字为"我"，颜色设置为白色，放到矩形的中间位置。页面布局如图 2-39 所示。

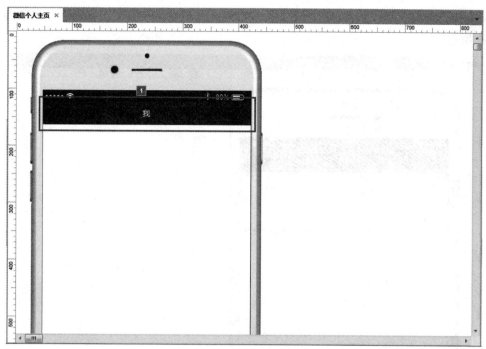

图 2-39　"我"元件

第五步：创建"矩形"元件，宽度设置为 377，高度设置为 15，颜色设置为"#F0EFF5"，边框设置为无。页面布局如图 2-40 所示。

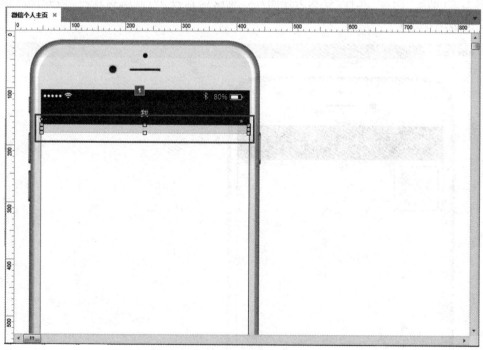

图 2-40　矩形元件 1

第六步：创建"矩形"元件，宽度设置为 377，高度设置为 80，边框设置为无。页面布局如图 2-41 所示。

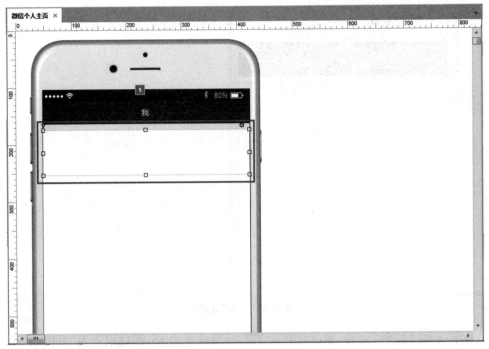

图 2-41　矩形元件 2

第七步：创建"图片"元件，导入头像图片。宽度设置为 59，高度设置为 59，将图片拖动至如图 2-42 所示位置。

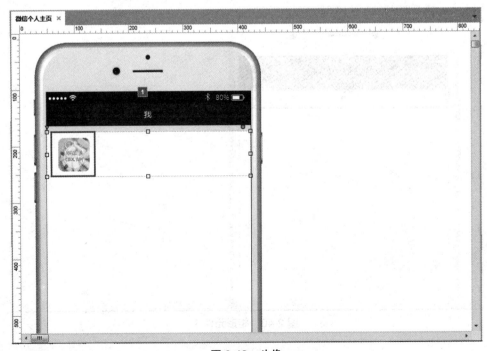

图 2-42　头像

第八步：创建两个"文本标签"元件，分别编辑文字为"夏天"和"微信号：xiatian"。页面布局如图 2-43 所示。

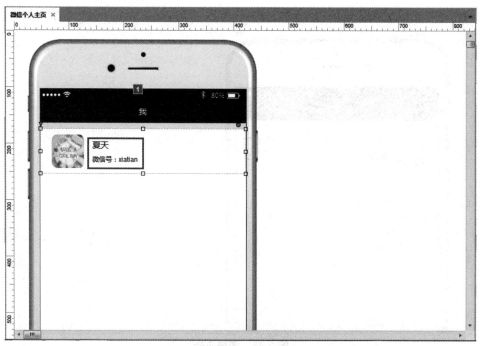

图 2-43 名称和微信号的创建

第九步：创建"图片"元件，导入二维码图片。图片位置如图 2-44 所示。

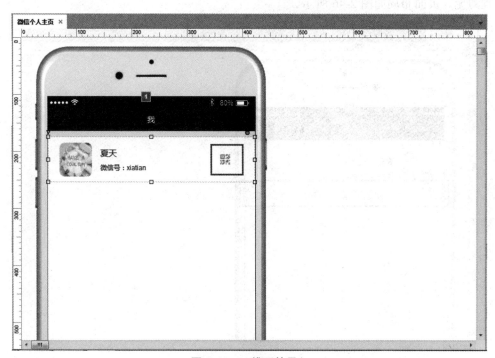

图 2-44 二维码的导入

第十步：从工作区域的名为"我"的模板中复制">"元件放至二维码后。页面布局如图 2-45 所示。

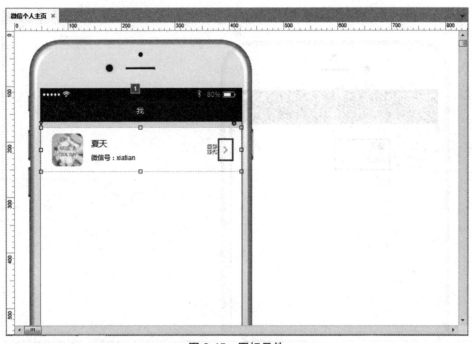

图 2-45　图标元件

第十一步：创建"矩形"元件，宽度设置为 377，高度设置为 18，颜色设置为"#F0EFF5"，边框设置为无。页面布局如图 2-46 所示。

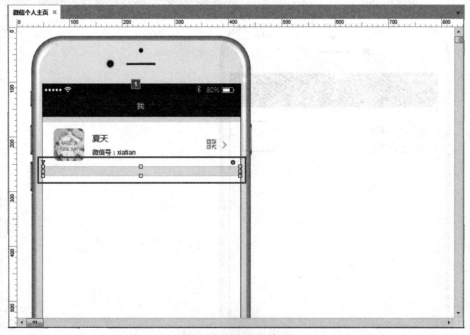

图 2-46　矩形元件 3

第十二步：创建"矩形"元件，宽度设置为 377，高度设置为 40，边框设置为无。页面布局如图 2-47 所示。

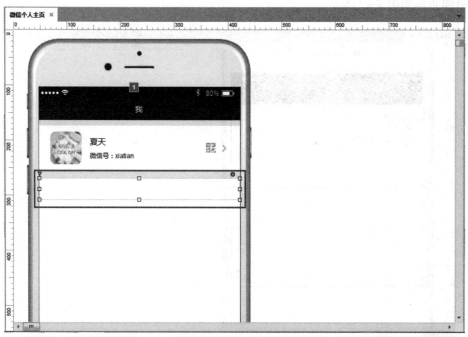

图 2-47 矩形元件 4

第十三步：创建"矩形"元件，宽度设置为 377，高度设置为 18，颜色设置为"#F0EFF5"，边框设置为无。页面布局如图 2-48 所示。

图 2-48 矩形元件 5

　　第十四步：创建四个"矩形"元件,宽度设置为 377,高度设置为 40,边框设置为无。然后再创建一个"矩形"元件,宽度设置为 377,高度设置为 18,颜色设置为"#F0EFF5",边框设置为无。页面布局如图 2-49 所示。

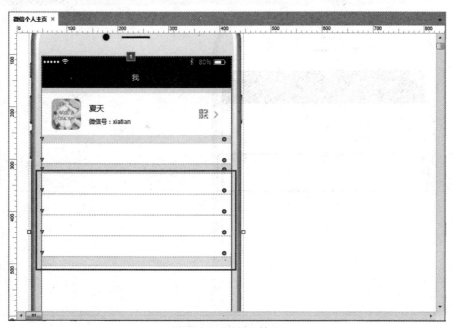

图 2-49　矩形元件 6

　　第十五步：创建"矩形"元件,宽度设置为 377,高度设置为 40,边框设置为无。再创建一个"矩形"元件,宽度设置为 377,高度设置为 161,颜色设置为"#F0EFF5",边框设置为无。页面布局如图 2-50 所示。

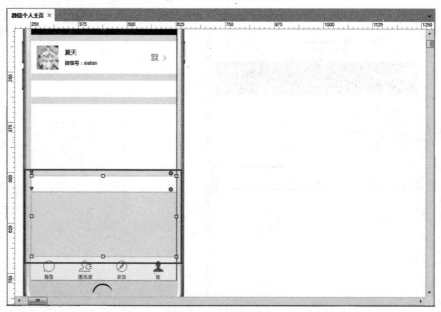

图 2-50　矩形元件 7

第十六步：依次拖入钱包、收藏、相册、表情、卡包和设置图片及文本标签，标签内分别编辑其内容，将字号设置为 16 号。将"＞"元件复制粘贴至文本标签后。最终效果如图 2-51 所示。

图 2-51　微信个人主页原型效果

元件是制作原型的基础，掌握元件的使用对原型的制作至关重要。本任务使用 Axure 元件库实现微信个人主页原型设计，使读者在在熟悉 Axure 基础元件库中元件的同时，掌握第三方元件库的相关概念。

一、选择题

1. 下列流程图元件表示数据库的是（　　　　）。

A.　

B.　

C.

D.

2. 下列流程图元件表示判断的是（　　　）。

A. □

B. ▱

C. ◇

D. ▱

3. 下列不是 Axure 常用元件库的是（　　　）。

A. Forms

B. Flow

C. Common

D. Markup

4. 下列不属于 Forms 表单元件的是（　　　）。

A. 文本框

B. 单选框

C. 主要按钮

D. 列表框

5. 下列不属于第三方元件库的是（　　　）。

A. 官网下载

B. Axure 默认元件库

C. 自定义元件库

D. 他人制作元件库

二、操作题

根据本章所学的元件，独立完成如图 2-52 所示的聊天界面原型。

图 2-52　聊天界面原型

项目三 "12306购票网站"母版页原型设计

通过实现"12306购票网站"母版页原型设计,学习母版的相关知识。了解原型设计中母版的分布,熟悉母版的各项使用方法,掌握母版的三种拖放行为。在任务实现的过程中,

- 了解母版的概念。
- 熟悉母版的创建。
- 掌握母版的转换。
- 具有使用母版完成大型交互原型设计的能力。

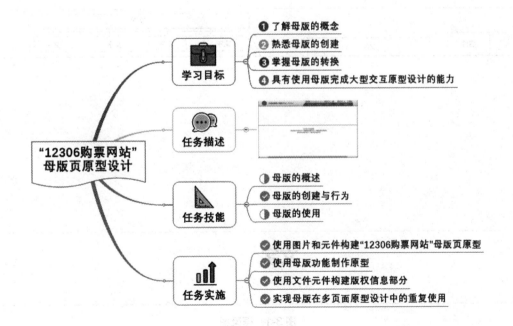

【情境导入】

网络购票的推广，让人们可以通过购票软件或网站实时查询车辆信息并在线预定或购买车票，为人们的出行提供了便利。"12306 购票网站"是中国最大的互联网购票网站。本次任务主要是实现"12306 购票网站"原型页面顶端与底端的设计，并在页面中使用。

【功能描述】

本任务是完成"12306 购票网站"母版页原型，该原型分为客运首页、车票预订、余票查询、出行导向和信息服务 5 个子页面，在每一个子页面中引用母版页，母版页中显示"12306 购票网站"顶部以及底部的信息，页面的顶部主要显示网站的 logo、导航列表和登录信息等，页面的底部主要显示版权信息。具体功能实现如下：

● 使用图片和元件构建"12306 购票网站"母版页原型。
● 使用母版功能制作原型。
● 使用文本元件构建版权信息部分。
● 实现母版在多页面原型设计中的重复使用。

【基本框架】

母版基本框架图如图 3-1 所示。通过本次任务的实现，母版界面在浏览器中显示的初始效果图如图 3-2 所示。

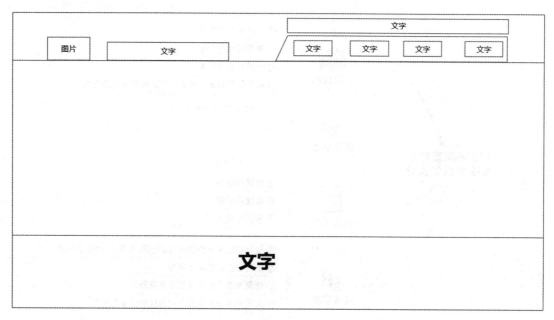

图 3-1　框架图

图 3-2 效果图

技能点一 母版的概述

在原型设计的过程中,总会出现页面或组件需要重复使用的情况。如果每次都重新制作或通过大量的复制粘贴来完成创建,不仅工作量倍增,而且极有可能会出现纰漏。针对这种情况,使用 Axure 中的母板功能可大大减少重复的工作,使原型制作事半功倍,进而提高工作效率。

1. 母版的简介

母版也可以理解为模板,具有可复用、易于修改维护等特点,在 Axure 软件中的位置如图 3-3 所示。通常将项目中需要重复使用的部分制作成母版,并对其进行统一管理。只要对母版进行修改,引用了母版的页面便会进行同步更新,不需要逐一修改。母版不仅可以在当前原型设计中使用,还可以保存起来,并应用于其他原型设计中。当需要使用相关母版时,直接导入即可。

在母版工作区域有 3 个按钮用来对母版进行基本操作,母版工作区域按钮的介绍如表 3-1 所示。

当创建的母版种类比较多时,可以将其放入不同的文件夹中,按文件夹给母版分类。查找母版时可以点击搜索按钮,根据母版名称或文件夹名称查找对应的母版。

2. 母版的应用场景

在浏览网页或使用手机软件浏览信息时会发现,在浏览界面中有一部分信息是固定不变的,且存在于多个页面中。在原型开发时,使用母版功能可以完成重复部分的创建,其应用场景主要有导航栏、网页顶部、网页底部和 App 界面底部等。

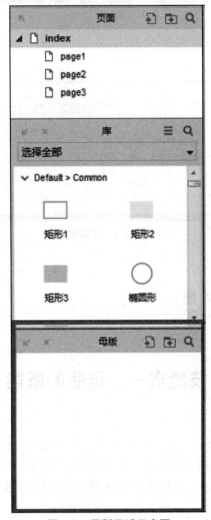

图 3-3　母版区域示意图

表 3-1　母版区域按钮介绍

按钮	名称	作用
	新增母版按钮	新增一个母版
	新增文件夹按钮	可以新增一个文件夹
	搜索按钮	可以根据母版名称搜索母版

　　以"桔梗网"为例,进入此网站后可查看其导航栏、侧边栏和底部信息,其母版应用如图 3-4 所示。

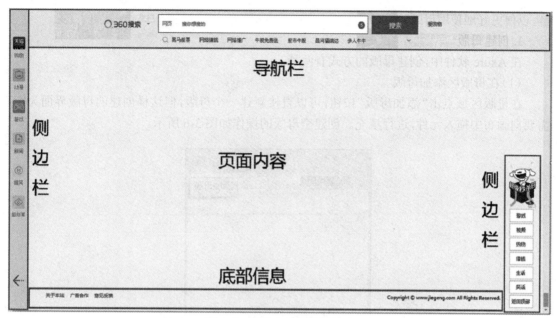

图 3-4　网站中应用母版部分

以网易云、支付宝、微信和 QQ 为例,母版在 App 中的应用如图 3-5 所示。

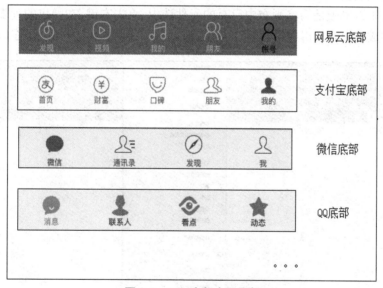

图 3-5　App 底部应用母版

技能点二　母版的创建与行为

了解母版的概念、优势和应用场景之后,接下来将对母版的创建和三种拖放行为进行详解,以便更好地使用母版。

1. 创建母版

在 Axure 软件中,创建母版的方式有两种。

(1)在母版区添加母版

在母版区域点击"添加母版"按钮,可以直接新建一个母版,但这样创建的母版界面为空,需要向画布中拖入元件,进行填充。创建空母版的操作如图 3-6 所示。

图 3-6　添加母版

(2)将组件转化为母版

将组件转化为母版是指将画布中已有的元件选中,点击右键,在弹出的列表中选择"转换为母版",从生成有内容的母版。创建一个"矩形"元件,将其转化为母版,操作如图 3-7 所示。

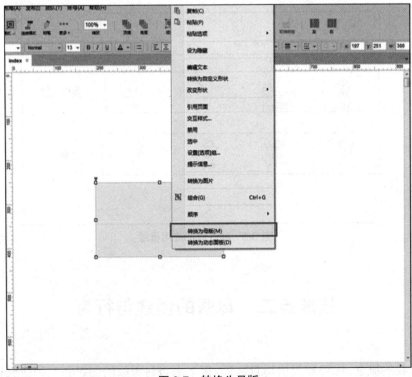

图 3-7　转换为母版

在弹出的"转换为母版"对话框中,将母版命名为"矩形"并选择其拖放行为,点击"继续",完成母版的创建,操作如图3-8所示。

接下来通过一个"分享页面"的原型设计来讲解母版的创建操作,具体步骤如下。

第一步:创建一个"母版"元件,命名为"分享页面",如图3-9所示。

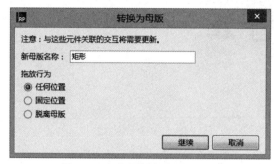

图3-8 定义母版名称

图3-9 修改页面名称

第二步:双击"分享页面"母版,拖拽一个"矩形2"元件到画布,如图3-10所示。

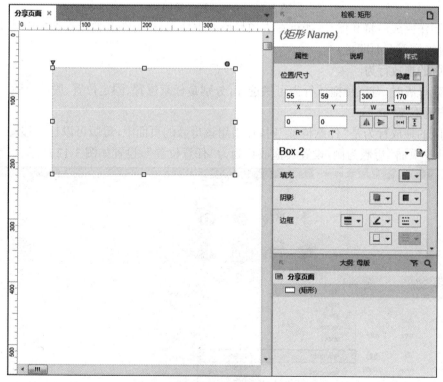

图3-10 创建背景

第三步:依次拖拽"朋友圈""微信""QQ""微博""收藏""复制链接""删除""举报"等图标到工作区域内,并放入矩形元件中,如图3-11所示。

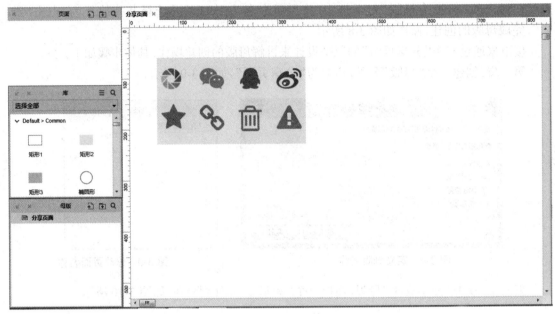

图 3-11　分享页面效果图

母版制作完成后将其保存，即可在本项目原型中使用，也可在其他项目原型中使用。需要使用时，直接导入页面即可。

2. 母版的拖放行为

在创建母版时，有三种拖放行为可供选择，分别是任意位置、固定位置、脱离母版。

（1）任意位置

当母版的拖放行为是"任意位置"时，在引用该母版的页面上，母版可以任意移动。

以"分享页面"母版为例，设置其拖放行为为"任意位置"，设置如图 3-12 所示。

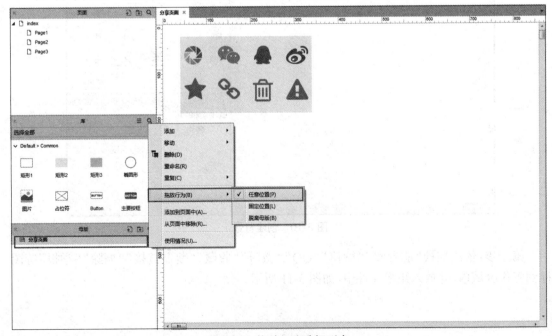

图 3-12　拖放行为选择列表

将"分享页面"母版拖动至index页面,可发现母版可随意移动,效果如图3-13所示。

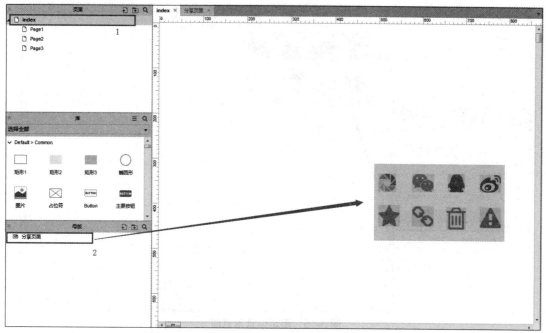

图3-13 任意位置示意图

(2)固定位置

母版的拖放行为是"固定位置"时,在引用该母版的页面上,母版的位置固定,无法移动。设置"分享页面"母版的拖放行为为"固定位置",设置如图3-14所示。

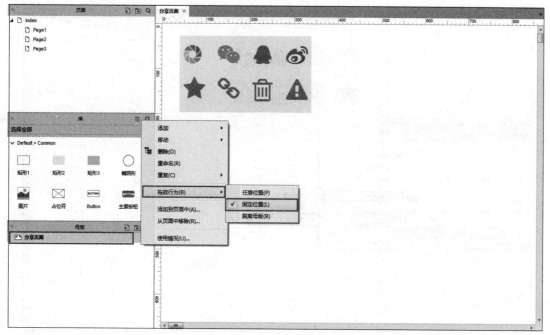

图3-14 拖放行为选择列表

　　拖动"分享页面"母版至 index 页面,可发现母版位置是固定的,效果如图 3-15 所示。

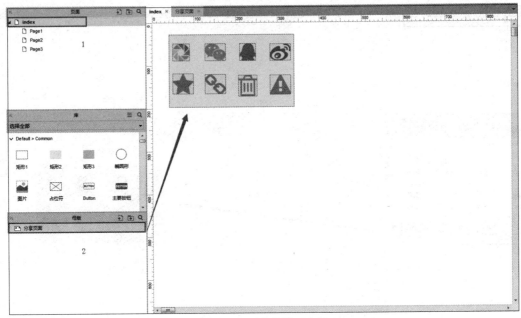

图 3-15　固定位置示意图

（3）脱离母版

　　母版的拖放行为是"脱离母版"时,在引用该母版的页面中,母版位置可以任意移动,且可随意修改母版中的组件。

　　设置"分享页面"母版的拖放行为为"脱离母版",设置如图 3-16 所示。

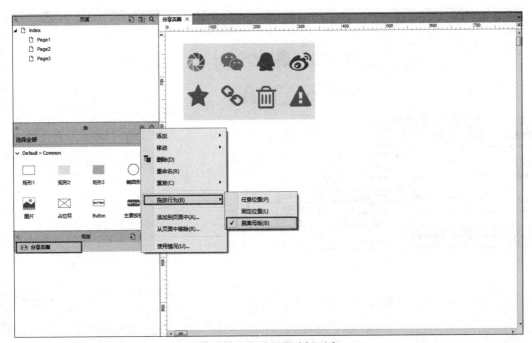

图 3-16　拖放行为选择列表

拖动"分享页面"母版至 index 页面，可发现母版不仅可以任意移动，也可以任意修改，且不会对"分享页面"的母版有任何影响，效果如图 3-17 所示。

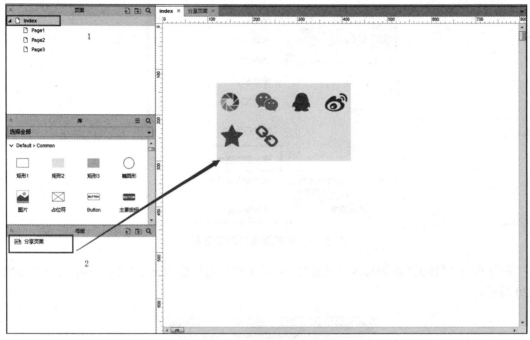

图 3-17 脱离母版示意图

技能点三 母版的使用

母版创建完成，在引入到页面时，既可以应用于全部页面，也可以选择应用于部分页面。接下来将以"技能点二"中创建的"分享页面"母版为基础，介绍母版在页面中的使用。

1. 添加母版

第一步：创建三个页面，分别命名为"微信""QQ 空间"和"微博"，如图 3-18 所示。

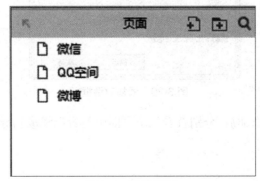

图 3-18 页面列表

　　第二步：右击母版区域的"分享页面"，在弹出的对话列表中选择"添加到页面中"，如图 3-19 所示。

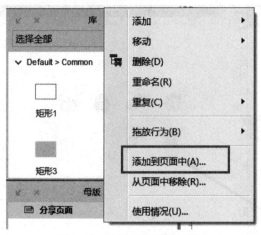

图 3-19　将母版添加到页面中

　　第三步：在弹出的"添加母版到页面中"对话框中勾选新建的三个页面，点击"确定"，如图 3-20 所示。

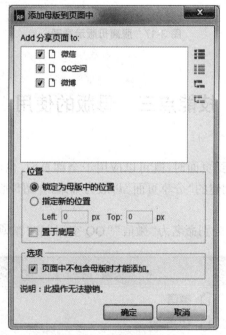

图 3-20　添加对话框

　　第四步：完成母版的添加后，分别查看三个页面中是否已经成功导入母版。界面效果如图 3-21 所示。

图 3-21　母版效果图

2. 修改母版

在原型设计过程中,若引用同一母版的页面需要修改,直接修改母版便可对页面中母版进行统一修改;若页面内组件已脱离母版,则不会发生变化。

以"微信"界面为例,选中"微信"页面中的母版,右键选择"脱离母版"选项,操作示意图如图 3-22 所示。

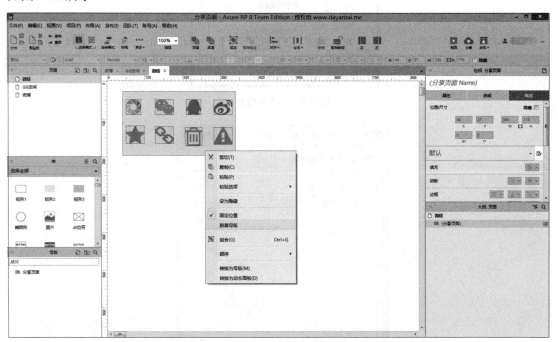

图 3-22　"微信"页面母版脱离

在"分享页面"母版中,将第二排灰色的图标都设置为黑色,查看页面效果发现,除"微信"页面外的其他页面全部产生了相应的变化,效果如图 3-23 所示。

图 3-23　修改母版后页面效果

3. 移除母版

向页面引入母版时,若将母版添加到某个不需要添加的页面后,可选中此页面中的母版直接删除,或在母版区域选择需要删除的母版,点击右键,在弹出的列表中选择"从页面中移除",操作如图 3-24 所示。

在弹出的对话框中勾选需要移除母版的页面,点击"确定",完成母版的移除,操作如图 3-25 所示。

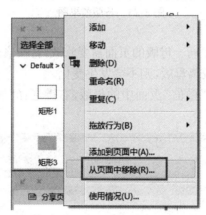

图 3-24　移除母版

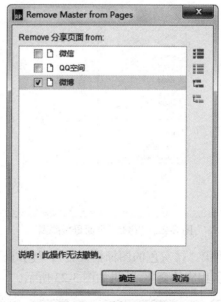

图 3-25　选择对话框

在了解母版的创建与使用后,本次任务为通过所学技能点实现"12306 购票网站"母版页的原型设计。

第一步：在站点地图新建"客运首页""车票预订""余票查询""出行向导"和"信息服务"5 个页面。创建完成界面如图 3-26 所示。

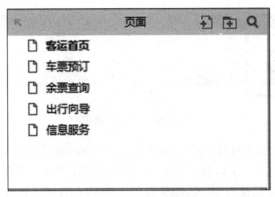

图 3-26　新建的页面示意图

第二步：进入"客运首页"界面，创建"图片"元件，导入顶部背景图片，界面如图 3-27 所示。

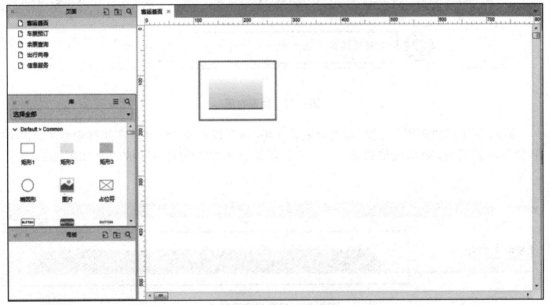

图 3-27　截取背景图

第三步：设置"客运首页"背景图的样式，在右侧样式中设置 X 为 0，Y 为 1，宽度为 1300，设置如图 3-28 所示。

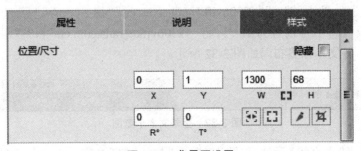

图 3-28　背景图设置

第四步：创建"图片"元件，导入"12306 火车购票网站"的 logo 图片，页面布局如图 3-29 所示。

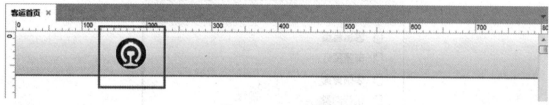

图 3-29   logo 示意图

第五步：创建两个"文本标签"元件，编辑文字为"中国铁路客户服务中心"和"客运服务"将"中国铁路客户服务中心"字体设置为华文仿宋并加粗，字号设置为 18 号；将"客运服务"字体设置为华文中宋，字号设置为 16 号，颜色设置为"#A1A1A1"。创建"垂直线"元件作为间隔线，并设置边框为第二种线型，页面布局如图 3-30 所示。

图 3-30   顶部布局

第六步：创建"矩形"元件，宽度设置为 540，高度设置为 35，并且在属性中设置矩形的形状为左侧斜角，矩形边框设置为无，填充背景色为"#478DCD"，放置于如图 3-31 所示位置。

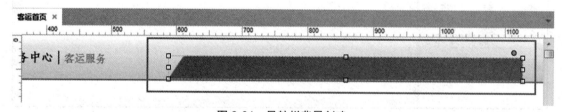

图 3-31   导航栏背景创建

第七步：创建五个"文本标签"元件，分别编辑内容为"客运首页""车票预订""余票查询""出行向导""信息服务"，并将字号设置为 16 号，颜色设置为白色。再拖拽七个文本标签，分别命名为"意见反馈:""12306yjfk@rails.com.cn""您好，请""登录""注册""我的12306""手机版"，将字号设置为 12 号，将"12306yjfk@rails.com.cn"和"登录"字体颜色设置为"#FB7403"。各文本标签布局如图 3-32 所示。

图 3-32   登录文本示意图

第八步：创建"垂直线"元件，放置于"登录"与"注册"之间。创建两个"图片"元件，分别导入"三角"图片和"手机图标"图片,并将"三角"图片放置于"我的12306"后,将"手机图标"放置于"手机版"前。摆放位置如图3-33所示。

图3-33 图标示意图

第九步:在画布中选中所有组件,点击右键,选择"转换为母版",在弹出的窗口中将母版命名为"页面头部",拖放行为选择"固定位置",点击继续。界面如图3-34和图3-35所示。

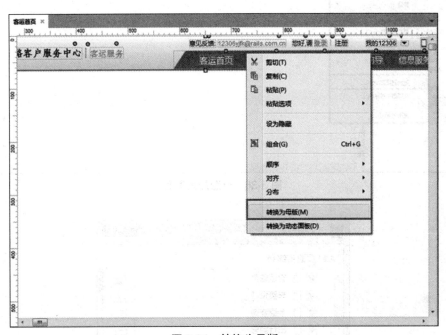

图3-34 转换为母版

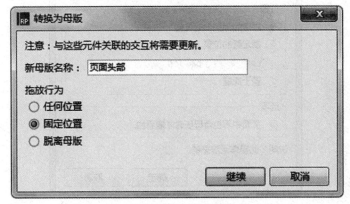

图3-35 设置母版拖放行为

第十步:在母版区域中选中"页面头部"母版,点击右键,选择"添加到页面中",在弹出的对话框中勾选全部复选框,点击"确定",将制作好的母版引用到页面中。操作如图 3-36 和图 3-37 所示。

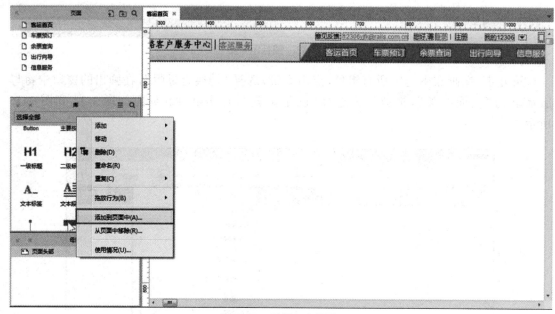

图 3-36　母版加入页面

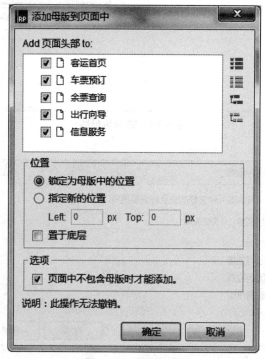

图 3-37　页面列表

点击"预览",效果如图 3-38 所示。

图 3-38　头部母版示意图

接下来将"12306 火车购票网站"母版页原型的底部版权信息部分做成母版。

第十一步：创建"矩形"元件到"客运首页"，宽度设置为 1300，高度设置为 110，边框设置为无。页面布局如图 3-39 所示。

第十二步：创建"水平线"元件，宽度设置为 1300，边框设置为第三个线框，线段颜色设置为"#478DCD"。页面布局如图 3-40 所示。

图 3-39　底部背景块 1

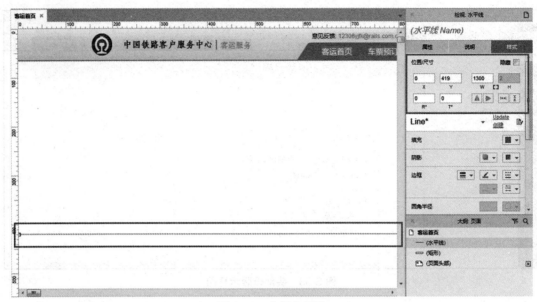

图 3-40　底部分割线

第十三步：创建"文本段落"元件，双击该元件，编辑三行文字，内容分别为"关于我们 | 网站声明""版权所有 ©2008-2017 中国铁路信息技术中心 中国铁道科学研究院""京 ICP 备15003716 号 -3| 京 ICP 证 150437 号"。将字号设置为 13 号，字体颜色设置为"#797979"，行间距设置为 18，对齐方式设置为居中对齐，放置于如图 3-41 所示位置。

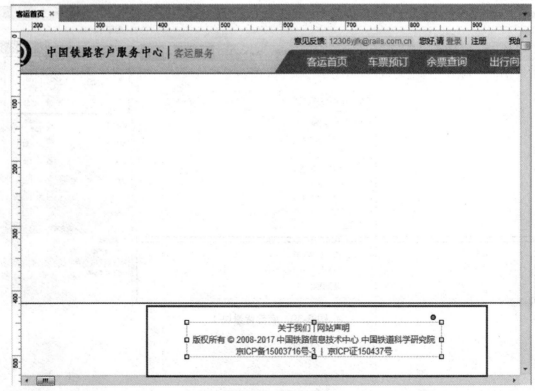

图 3-41　底部文本

第十四步：选中底部所有组件，点击右键，选择"转换为母版"，在弹出的窗口中将"新模板的名称"命名为"页面底部"，拖放行为选择"任何位置"，点击"继续"。操作如图 3-42 所示。

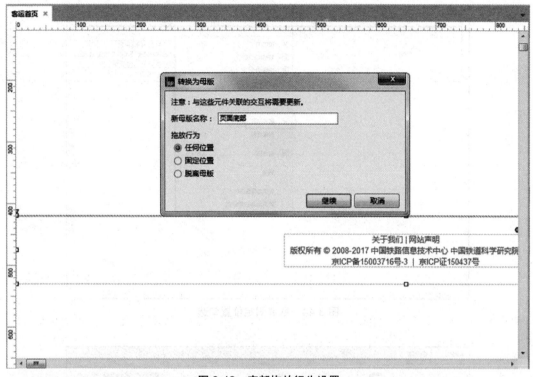

图 3-42 底部拖放行为设置

第十五步：在母版区域中选中"页面底部"母版，点击右键，选择"添加到页面中"，在弹出的对话框中勾选全部复选框，点击确定。操作如图 3-43 所示。

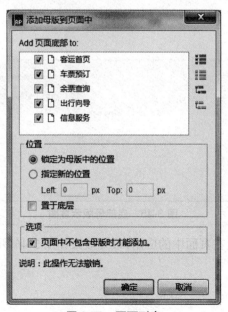

图 3-43 页面列表

第十六步：打开"车票预订"页面，选中"页面底部"母版，点击右键，取消勾选"固定位置"，将"页面底部"母版拖动到页面底部。操作如图 3-44 和图 3-45 所示。

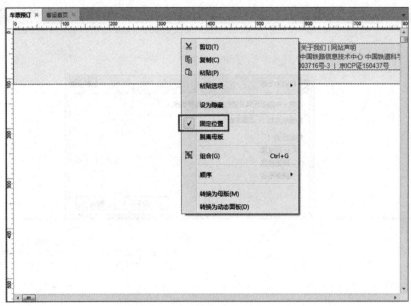

图 3-44　取消固定位置勾选

图 3-45　底部母版示意图

点击"预览"，查看母版在页面中的应用，最终效果如图 3-46 所示。

图 3-46　最终效果图

　　本任务使用 Axure 的母版功能，实现"12306 购票网站"母版页原型设计。在学习 Axure 母版的概念，掌握构建和使用母版的方法的同时，使用母版来简化原型的设计，使原型设计更加高效、快捷。

一、选择题

　　1. 下列关于母版说法错误的是（　　）。

　　A. 母版可以用来做登录框　　　　　　　　B. 母版可以用来做页眉

　　C. 母版可以用来做页面模板　　　　　　　D. 母版就是动态面板

　　2. 下列不属于母版拖放行为的是（　　）。

　　A. 转变为母版　　　　B. 固定位置　　　　C. 任意位置　　　　D. 脱离母版

　　3. 下列不属于母版特点的是（　　）。

　　A. 易于维护　　　　B. 减少工作量　　　　C. 母版易于修改　　　　D. 可重复使用

　　4. 下列母版使用说法错误的是（　　）。

　　A. 删除母版后所有引用该母版页面中的母版一并删除

　　B. 母版的创建方式有两种

　　C. 删除母版时必须清除所有引用该母版页面中的母版

　　D. 对母版进行修改后，引用了母版的页面同样也会发生变化

　　5. 下列项目无法使用母版的是（　　）。

　　A. 某网站左侧选项栏　　　　　　　　　　B. 网站底部文字信息

C. 网站顶部导航栏　　　　　　　　D. 存在多状态的动态面板

二、操作题

根据本章所学的母版知识，完成"QQ 邮箱"母版案例的制作，界面效果如图 3-47 所示。

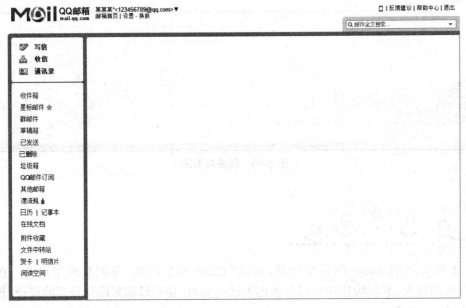

图 3-47　QQ 邮箱母版界面

项目四 "动态解锁"原型设计

通过实现"动态解锁"的原型设计,学习 Axure 中动态面板的相关知识。了解热区的作用,熟悉动态面板中的事件,掌握动态面板的使用,以及对动态面板触发事件的设置。在任务实现的过程中,

- 了解动态面板的属性、样式。
- 熟悉动态面板的创建。
- 掌握动态面板的常用功能。
- 具有能够熟练使用动态面板的能力。

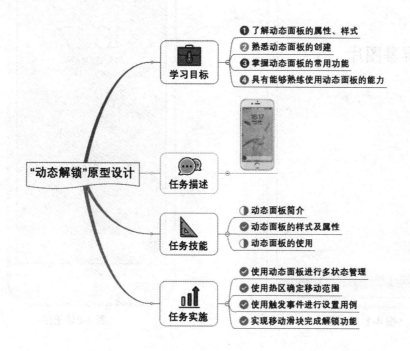

【情境导入】

　　在智能科技不断进步的今天,手机已成为人们生活中的必需品,其中存储着许多隐秘的信息,手机的解锁功能能为人们的生活提供必要的保障。本次任务是通过创建动态面板,对其进行多状态管理以及触发事件的设置,以实现"动态解锁"的原型设计。

【功能描述】

　　本任务主要完成"动态解锁"的原型设计,通过滑动滑块,呈现解锁效果。滑块未接触到左右两边热区时可以左右滑动。在碰触到左边热区后可以水平向右移动,接触到右边热区后,切换为解锁后界面。具体功能实现如下:

- 使用动态面板进行多状态管理。
- 使用热区确定移动范围。
- 使用触发事件设置用例。
- 实现移动滑块完成解锁功能。

【基本框架】

基本框架如图 4-1 所示,解锁前初始效果如图 4-2 所示。

图 4-1　框架图

图 4-2效果图

技能点一 动态面板简介

动态面板作为原型制作中最常用的组件之一,主要用来实现动态的交互效果。在动态面板中可以有多个状态,可以对其进行增加、删除、显示及隐藏等操作。一个动态面板就相当于一组状态的集合。

1.动态面板的创建

动态面板的创建有两种方式。具体创建方式依照设计情况进行选择。

第一种:选中"动态面板"元件,拖动到画布中,创建空白的动态面板。操作如图 4-3 所示。

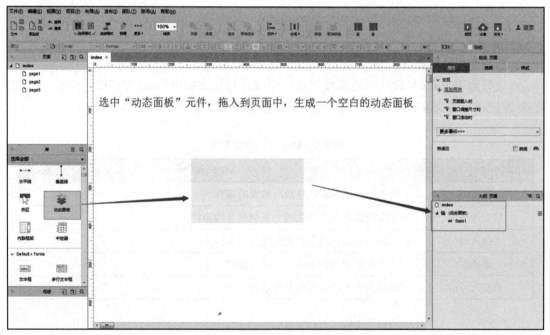

图 4-3 添加空白的动态面板

第二种:选中画布中任意一个元件,点击右键,选择"转换为动态面板",生成有内容的动态面板。操作如图 4-4 所示。

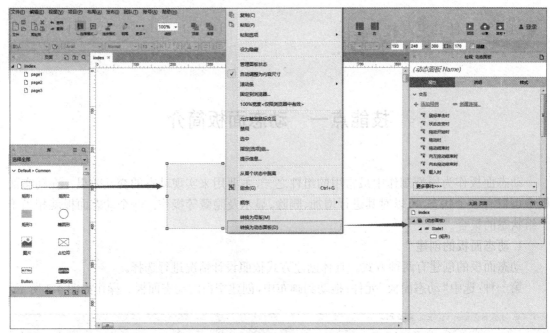

图 4-4　添加有内容的动态面板

2. 动态面板的事件

在进行原型设计时,设计师通常使用动态面板并对其添加用例,以实现图片轮播、手机滑动、标签控制与拖拽等动态效果。常用用例的介绍如表 4-1 所示。

表 4-1　动态面板常用用例

用例名称	用例解释
拖动时	因面板的点击、拖拽、释放所触发的事件
状态改变时	因触发面板状态而产生的一系列交互的事件
载入时	在页面初始加载动态面板时触发的事件
滚动时	因动态面板滚动栏滚动所触发的事件
调整尺寸时	因面板大小的改变而触发的事件

技能点二　动态面板的样式及属性

在 Axure 软件界面右侧的"检视面板"中,可对动态面板的样式及属性进行设置。

1. 动态面板的样式

在"检视"面板下的"样式"界面,可设置动态面板的"位置 / 尺寸""背景颜色""背景图片"等样式。界面如图 4-5 所示。

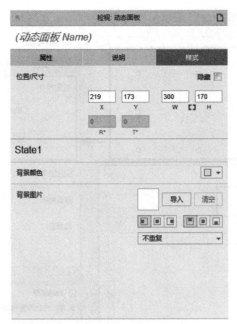

图 4-5 动态面板样式设置

2. 动态面板的属性

在"检视"面板中点击"属性"选项,即可对"动态面板"中"自动调整为内容尺寸""滚动条""固定到浏览器"等属性进行设置。

(1)自动调整为内容尺寸

"自动调整为内容尺寸"属性是指根据元件内容的尺寸,调整动态面板的大小,不需要添加滚动栏也可以完整地显示动态面板中的内容。具体操作如下。

创建一个动态面板,命名为"自动调整"。点击进入状态 1(State1),创建一个"矩形"元件,尺寸比动态面板稍大。创建完成后,返回动态面板界面,勾选"自动调整为内容尺寸"。操作如图 4-6 至图 4-8 所示。

(2)滚动条

滚动条属性即在不改变动态面板大小的情况下,能够通过上下滚动查看动态面板中的内容。具体操作如下。

创建一个"动态面板"元件,命名为"滚动条"。点击进入状态 1(State1),创建两个"文本段落"元件,文字填充范围要超过动态面板。填充完成后,返回动态面板界面,勾选"滚动条"。滚动条设置及效果如图 4-9 和图 4-10 所示。

(3)固定到浏览器

固定到浏览器属性指可以将页面中的某一部分固定到浏览器中,其不会随页面滑动而移动。具体操作如下。

第一步:创建两个"图片"元件,分别导入"浏览器顶端"图片和"页面"图片,并以图片名称分别为元件命名。

第二步:选中两个元件,分别转换为动态面板,页面布局如图 4-11 所示。

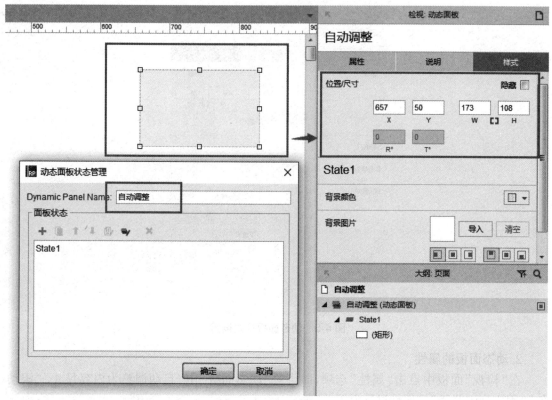

图 4-6　动态面板尺寸

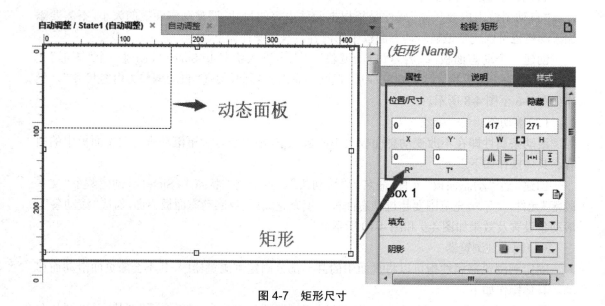

图 4-7　矩形尺寸

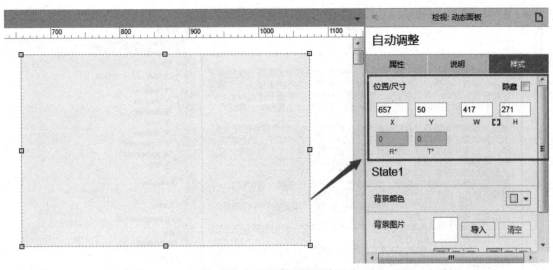

图 4-8 动态面板调整后的尺寸

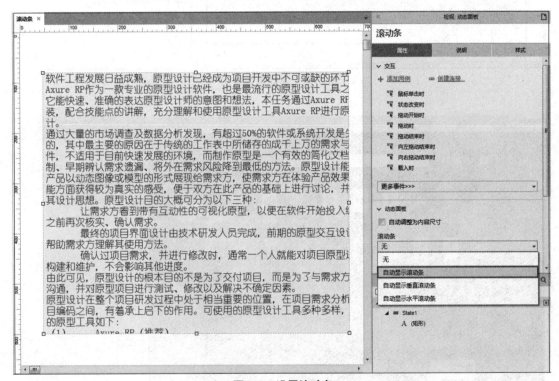

图 4-9 设置滚动条

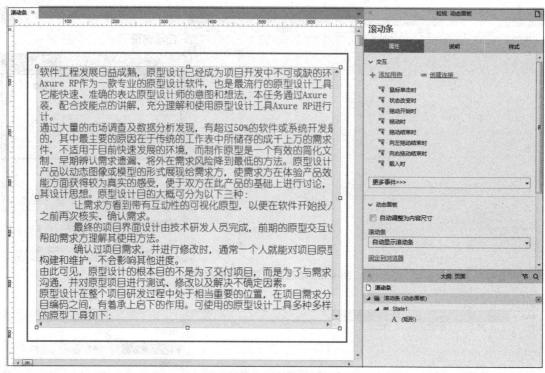

图 4-10　滚动条效果图

图 4-11　转换为动态面板

第三步:选中"浏览器顶端"动态面板,点击右键选择"固定到浏览器"选项,在弹出的对话框中设置"水平固定"为"居中","垂直固定"为"顶部"。操作示意图如图 4-12 所示。

图 4-12　固定到浏览器设置

点击预览,滑动页面时可发现浏览器顶端固定不动,页面随鼠标滚动而滚动。

技能点三　动态面板的使用

在原型设计过程中,动态面板是原型设计师最常用的元件之一。使用动态面板可实现元件的显示与隐藏、水平拖动、文字滚动等多种动态效果。

1. 显示与隐藏

在原型测试过程中,往往会因为某些不正确操作,弹出一些提示性文字等。例如,用户进行登录时,在不填写用户名的情况下,点击登录按钮,便会弹出"用户名不能为空"的提示标签;或当用户输入错误验证码时,便弹出"验证码错误"的提示标签。

以上功能是由动态面板显示及隐藏的功能实现的,右键单击动态面板,选择"编辑选项",点击"设为可见 / 设为隐藏"即可。操作示意图及效果示意图如图 4-13 至图 4-16 所示。

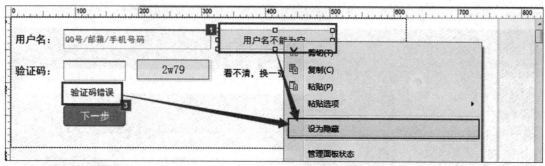

图 4-13　设为隐藏设置

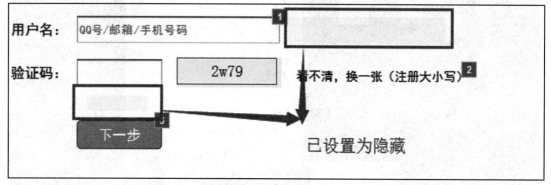

图 4-14　隐藏效果图

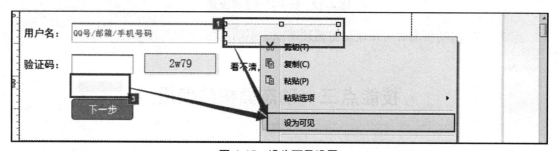

图 4-15　设为可见设置

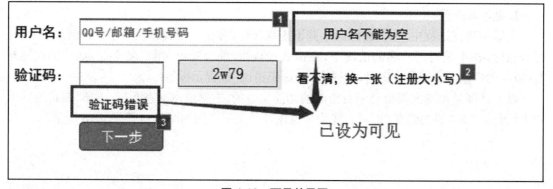

图 4-16　可见效果图

2. 水平拖动

在 Axure 中,"动态面板"是唯一可以使用拖动效果的元件,主要用于 APP 的产品原型设计,可结合系统自带变量来实现面板被拖动时产生的一些效果。例如,手机的滑动解锁功能、手机页面的纵向浏览功能、调节音量大小及拍照通过调节"美颜"滑块改变效果等功能。接下来通过"美颜调节大小"的案例来讲解动态面板拖动效果的实现。

第一步:创建一个"Magic"魔法棒形状元件以及三个"矩形"元件。将三个"矩形"元件分别命名为"left""line"和"right",并修改其尺寸大小和颜色样式。创建两个"热区"元件,覆盖左右两个矩形,分别命名为"left"和"right"。界面示意图如图 4-17 所示。

热区覆盖

图 4-17 页面布置

第二步:创建"椭圆形"元件,修改其尺寸大小和颜色样式,并将其转换为动态面板,命名为"move"。界面示意图如图 4-18 所示。

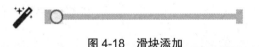

图 4-18 滑块添加

第三步:选中"move"动态面板,在"检视"面板的"属性"界面中,双击"拖动时"用例,在弹出的"用例编辑"对话框中编辑用例条件,添加移动动作。用例编辑示意图如图 4-19 至图 4-21 所示。

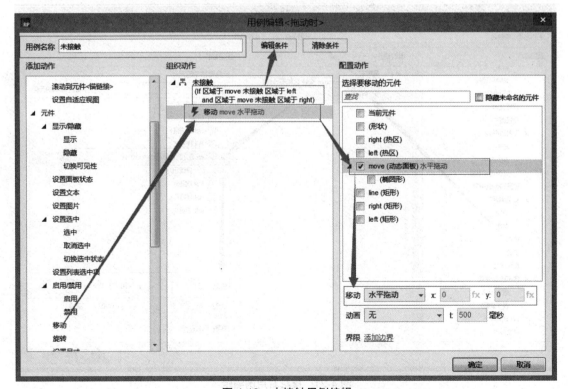

图 4-19 未接触用例编辑

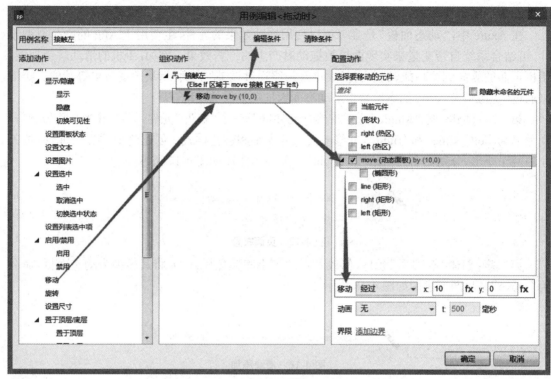

图 4-20　接触左用例编辑

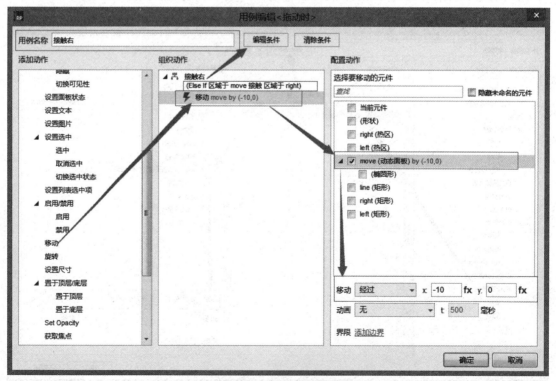

图 4-21　接触右用例编辑

拖动过程中效果如图 4-22 所示。

图 4-22　拖动效果图

3. 滚动效果

动态面板的滚动效果是通过其他交互事件来激发的,可能在点击某个按钮时实现,也可能在页面加载时实现。例如,网站上的一些文字滚动的效果、点击登录按钮、登录面板的弹出和收起效果等。接下来通过"文字跑马灯"的案例来讲解动态面板滚动效果的实现。

第一步:创建一个"矩形"元件将其命名为"文字跑马灯",并转换为动态面板。进入State1,设置矩形的填充颜色为"#515151",并填充文字"原型:即画出产品 layout"。设置如图 4-23 所示:

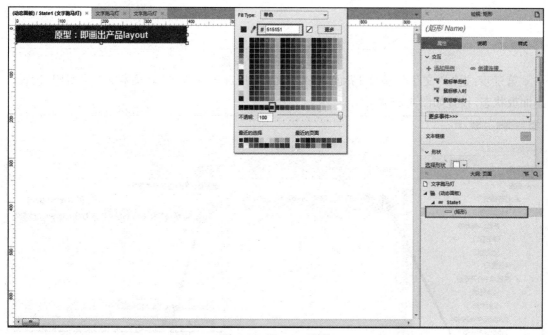

图 4-23　State1 设置

第二步:复制"State1",名称显示为"State 2",进入此状态,修改其文字内容为"RRD:即我们说的产品需求文档"。设置如图 4-24 所示。

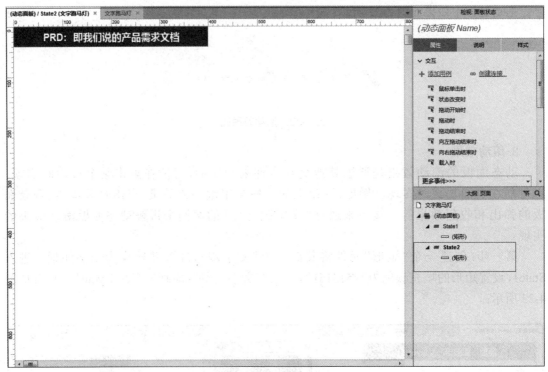

图 4-24　State2 设置

第三步：返回"文字跑马灯"界面，在"添加用例"选项中双击"页面载入时"用例，设置动态面板状态，设置如图 4-25 所示。

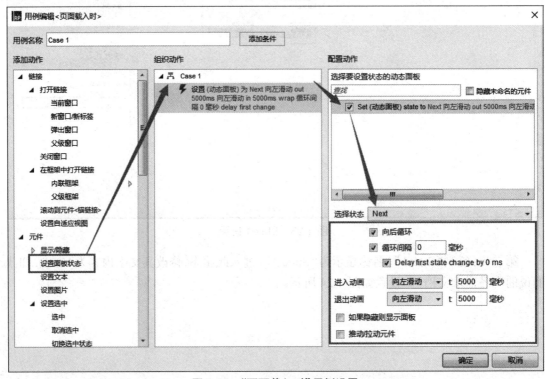

图 4-25　"页面载入时"用例设置

"文字跑马灯"效果如图 4-26 所示。

图 4-26 "文字跑马灯"效果图

4. 多状态效果

多状态管理是原型设计师常用的一种元件属性,被普遍应用于原型设计中。一个动态面板可以通过添加或复制创建多个面板状态,多个面板状态可用于实现图片轮播、图形转动、滑进滑出等效果,且在增强动态效果的同时,减少动态面板的数量。接下来通过"广告轮播"原型设计的案例,介绍动态面板的多状态使用。在页面初始加载时,图片以间隔两秒的速度开始轮播。

第一步:创建"动态面板"元件,命名为"轮播图",并添加两个状态。操作如图 4-27 所示。

图 4-27 "轮播图"状态面板添加状态

第二步:选中"轮播图"动态面板,右击选择"编辑全部状态"选项,在三个状态中分别插入不同的图片,如图 4-28 至 4-30 所示。

第三步:选中"轮播图"动态面板,在"检视"面板的"属性"界面下双击"载入时"用例。在弹出的对话框中点击"设置面板状态",对其进行设置。操作如图 4-31 所示。

第四步:创建三个"椭圆形"元件,调整其大小与位置,全选,点击右键选择"转换为动态面板",并命名为"点"。设置如图 4-32 所示。

图 4-28　轮播图 1

图 4-29　轮播图 2

图 4-30 轮播图 3

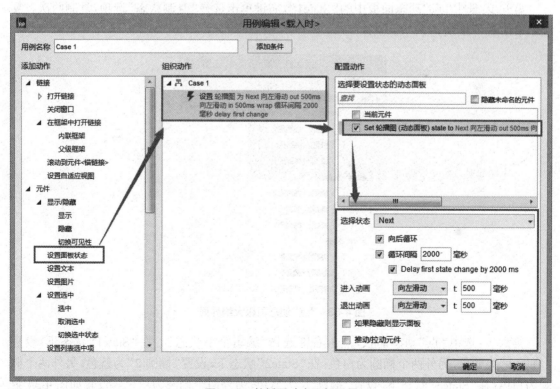

图 4-31 轮播图动态面板设置

图 4-32　转换为动态面板设置

第五步：选中"点"动态面板中的"State1"，右键单击选择"复制状态"选项，复制两次。复制结果如图 4-33 所示。

图 4-33　"点"动态面板大纲界面

第六步：选中"点"动态面板，点击右键选择"编辑全部状态"。在"State1"状态下，设置"椭圆 1"为蓝色，另外两个椭圆为白色；在"State2"状态下，设置"椭圆 2"为蓝色，另外两个椭圆为白色；在"State3"状态下，设置"椭圆 3"为蓝色，另外两个椭圆为白色。设置如图 4-34 至图 4-36 所示。

图 4-34 状态 1

图 4-35 状态 2

图 4-36 状态 3

第七步:选中"点"动态面板,在"检视"面板下的"属性"界面,双击"载入时"用例,弹出"用例编辑"对话框,用例编辑如图 4-37 和图 4-38 所示。

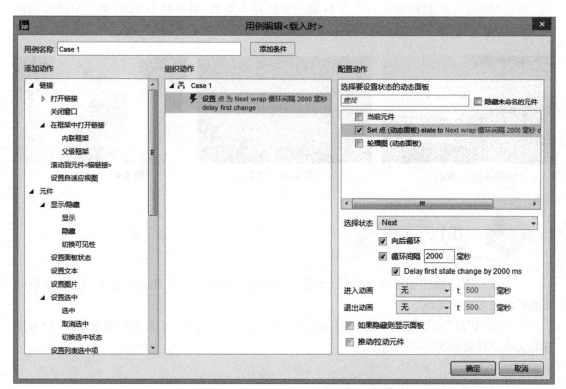

图 4-37 "载入时""点"用例编辑

图 4-38　"载入时""轮播图"用例编辑

点击"预览",页面首先显示状态 1,第一个圆点为蓝色;显示状态 2 时,第二个圆点为蓝色;显示状态 3 时,第三个圆点为蓝色。效果如图 4-39 至图 4-41 所示。

图 4-39　状态 1

图 4-40　状态 2

图 4-41　状态 3

在了解动态面板的创建及属性后,本任务为通过"手机滑动解锁原型设计"案例,讲解动态面板滑动效果的实现。

第一步:新建"滑动解锁"页面,点击进入。创建"图片"元件,导入手机背景图片,调整位置与大小。效果如图 4-42 所示。

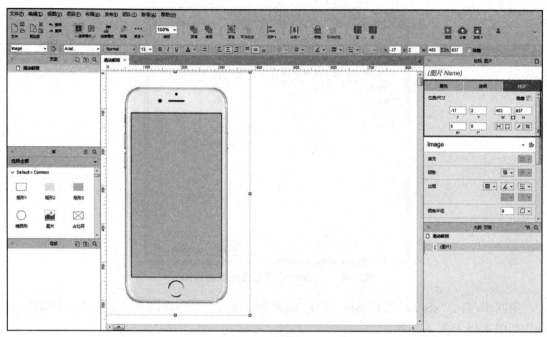

图 4-42 手机背景导入效果图

第二步：创建"动态面板"元件，命名为"screen"，调整位置与大小。位置尺寸设置如图 4-43 所示。

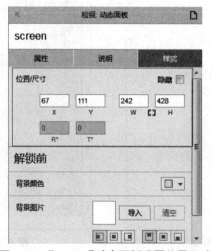

图 4-43 "screen"动态面板设置位置尺寸

第三步：双击"screen"动态面板，打开"动态面板状态管理"对话框，再添加一个状态，将两个状态分别命名为"解锁前"和"解锁后"。操作如图 4-44 所示。

图 4-44 "screen"动态面板状态添加

第四步：右击"screen"动态面板，选择"编辑全部状态"，分别在两个状态中插入不同图片。操作如图 4-45 和图 4-46 所示。

图 4-45 解锁前界面

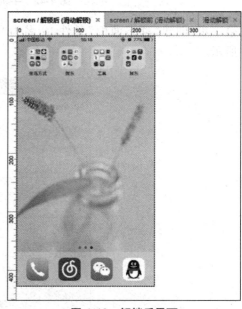

图 4-46 解锁后界面

第五步：返回"滑动解锁"界面，创建"矩形"元件，调整其位置、大小及样式。选中"矩形"，点击右键选择"转换为动态面板"，将其命名为"move"。设置示意图及效果图如图 4-47 和图 4-48 所示。

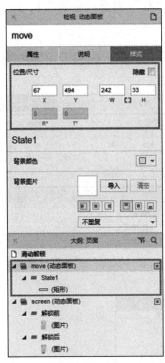

图 4-47 "move"动态面板设置尺寸位置

图 4-48 "move"动态面板效果图

第六步:创建"椭圆形"元件,调整其位置、大小及样式。选中"椭圆形"元件点击右键选择"转换为动态面板",将其命名为"滑块"。设置示意图及效果图如图 4-49 和图 4-50 所示。

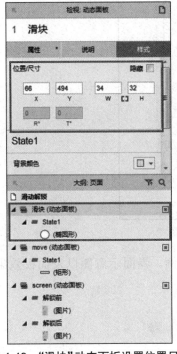

图 4-49 "滑块"动态面板设置位置尺寸

图 4-50 "滑块动态面板"效果图

　　第七步：创建两个"热区"元件，分别命名为"左"和"右"，调整其位置与尺寸。设置示意图及效果图如图 4-51 至图 4-53 所示。

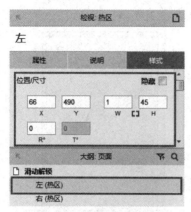

图 4-51　"左"热区设置

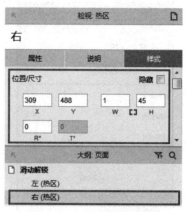

图 4-52　"右"热区设置

图 4-53　热区效果图

　　第八步：选中"滑块"动态面板，双击"拖动时"用例。界面示意图以及面板效果图如图 4-54 至图 4-57 所示。

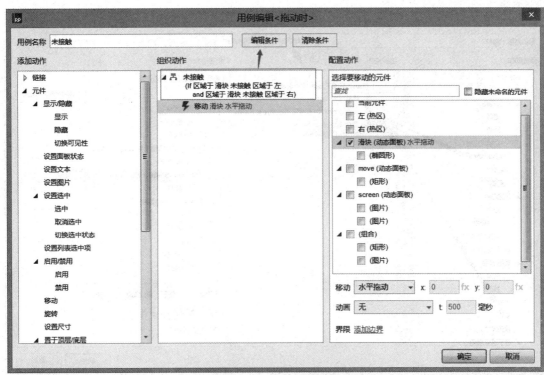

图 4-54 "未接触"用例编辑

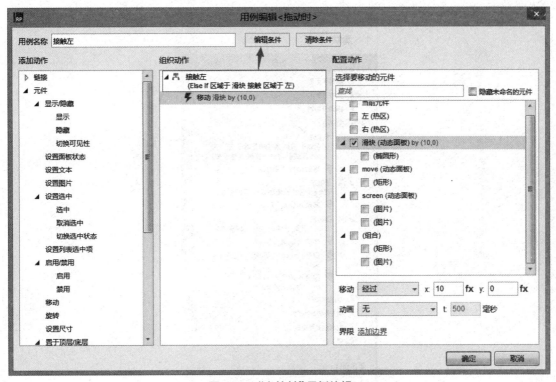

图 4-55 "左接触"用例编辑

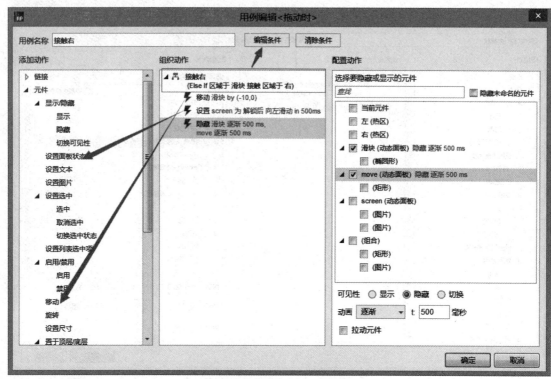

图 4-56 "右接触"用例编辑

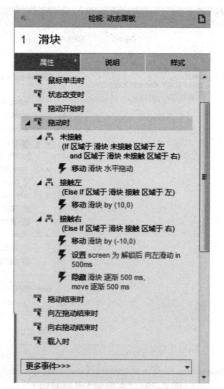

图 4-57 "滑块"动态面板检视面板效果图

最终效果如图 4-58 至图 4-60 所示。

图 4-58 解锁前界面

图 4-59 水平移动时

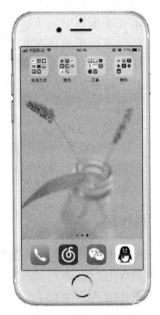
图 4-60 解锁后界面

本任务通过运用动态面板、热区以及触发事件等知识,实现"动态解锁"原型设计,使读者在熟悉动态面板创建的同时,掌握动态面板常用功能的使用和触发事件的设置。对动态面板进行多状态管理时,要注意命名的规范。

一、选择题

1. 下列关于动态面板说法错误的是( )。

A. 动态面板可以包括多种状态,每种状态都可以单独编辑设计

B. 在不同场景下显示不同的状态

C. 动态面板可以设置可见/隐藏

D. 动态面板无法使用拖动效果

2. 下列不属于动态面板动作的是( )。

A. 显示面板   B. 隐藏面板

C. 移动面板   D. 创建面板

3. 下列关于动态面板说法不正确的是（　　　）。

A. 动态面板可以有多种状态

B. 动态面板中无法添加动态面板元件

C. 动态面板的状态可动态切换

D. 动态可以使用拖动效果

4. 下列不是动态面板的用例的是（　　　）。

A. 载入时　　　　　　　　　　　　　B. 拖动时

C. 调整尺寸时　　　　　　　　　　　D. 文本改变时

5. 动态面板的常用功能不包括（　　　）。

A. 拖动效果　　　　　　　　　　　　B. 滑动效果

C. 多状态效果　　　　　　　　　　　D. 鼠标移入移出效果

二、操作题

根据本项目所学的动态面板的知识，完成"弹出商品信息窗口"的原型设计，实现点击"加入购物车"按钮，弹出加入购物车窗口；点击"立即购买"，弹出结算窗口的效果。界面效果可参照图 4-61 至图 4-63。

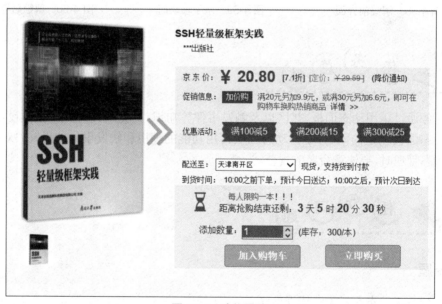

图 4-61　购物界面

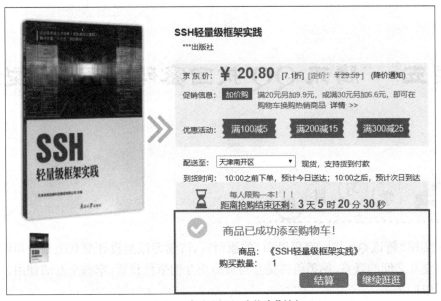

图 4-62 点击"加入购物车"按钮

图 4-63 点击"立即购买"按钮

项目五 "腾讯QQ找回密码界面"原型设计

通过实现"腾讯QQ找回密码界面"的原型设计,学习原型设计交互的相关知识。了解动态面板与交互之间的联系,熟悉组件交互与页面交互的事件设置,掌握交互的使用。在任务实现的过程中,

- 了解交互的原则。
- 熟悉交互的样式及条件。
- 掌握交互中的触发事件。
- 具有使用交互事件完成原型设计的能力。

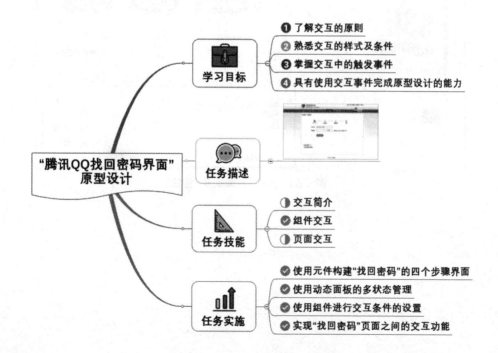

【情境导入】

如今,大部分软件都需要注册帐号并登录才能够使用,当帐号密码丢失后,便会牵涉无数的麻烦。本次任务主要通过对界面组件触发事件的设置、动态面板状态的管理和条件的添加,实现"腾讯 QQ 找回密码界面"的原型设计。

【功能描述】

本任务主要完成"腾讯 QQ 找回密码界面"的原型设计,通过使用动态面板、交互等功能实现用户找回密码界面,对交互条件进行设置,实现验证码切换的功能。具体功能实现如下:

- 使用元件构建"找回密码"的四个步骤界面。
- 使用动态面板的多状态管理。
- 使用组件进行交互条件的设置。
- 实现"找回密码"页面之间的交互功能。

【基本框架】

基本框架图如图 5-1 所示。通过本次任务的实现,"腾讯 QQ 找回密码界面"的原型初始效果如图 5-2 所示。

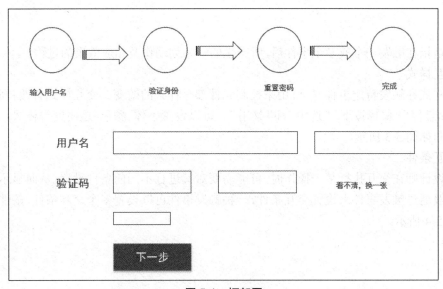

图 5-1　框架图

图 5-2　效果图

技能点一　交互简介

交互是指在触发一个或多个事件后,所产生的一系列动作及相应效果的过程。

1. 交互样式

交互样式在触发特定事件时,可用来控制元件部分样式的改变。交互样式有四种状态,分别是"鼠标悬停""鼠标按下""选中"和"禁用"。可以设置字体、颜色、透明度等样式。交互样式设置界面如图 5-3 所示。

2. 交互条件

原型设计师在交互执行某一操作时,可能需要对其进行不同的条件设置,从而显示不同的内容。一般通过触发事件来设置交互条件,一种触发事件可以设置多个交互条件,条件设立对话框如图 5-4 所示。

图 5-3　交互样式设置界面

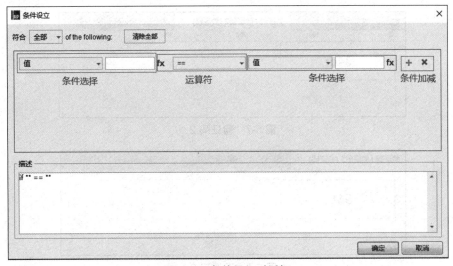

图 5-4　条件设立对话框

接下来通过"验证码的切换"案例来说明交互条件的设置。

第一步：创建"矩形"元件，点击右键选择"转换为动态面板"，将其命名为"验证码"。复制两个"State1"，将三个页面分别命名为"验证码1""验证码2"和"验证码3"。界面如图5-5所示。

图 5-5　验证码状态管理界面

第二步：选中"验证码"动态面板，点击右键选择"编辑全部状态"，分别为三个页面编辑验证码，界面如图 5-6 至图 5-8 所示。

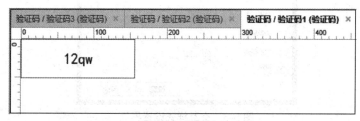

图 5-6　验证码 1

图 5-7　验证码 2

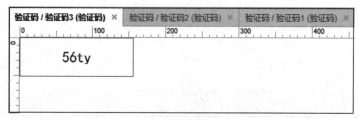

图 5-8　验证码 3

第三步：创建"文本标签"元件，编辑文字为"看不清，换一张"，并设置其交互条件。选中"看不清，换一张"文本标签，在"检视"面板下的"属性"界面，双击"鼠标单击时"用例，在弹出的"用例编辑"对话框中，点击"添加条件"，弹出"条件设立"对话框，进行条件设置。条件设立如图 5-9 所示。

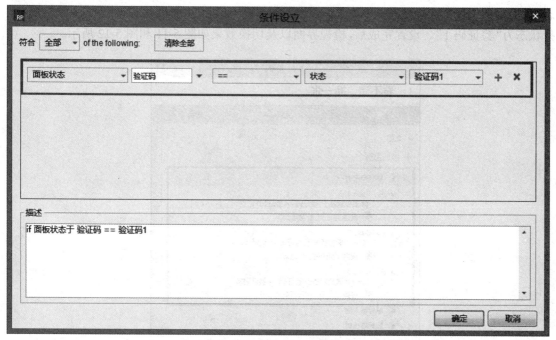

图 5-9 条件设立示意图

第四步：点击"确定"按钮，返回"用例编辑"对话框，点击"设置面板状态"，勾选"验证码"，选择"验证码 2"，设置如图 5-10 所示。

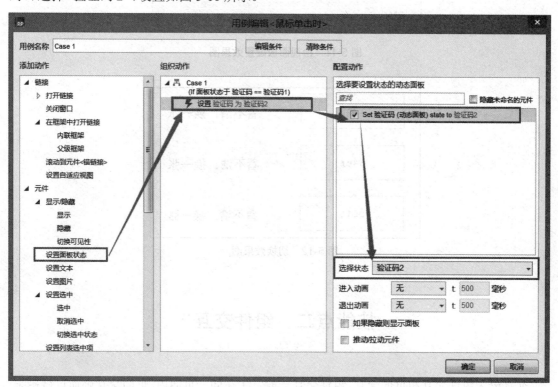

图 5-10 面板状态设置图

　　第五步：重复三、四步步骤,再次添加两个"鼠标单击时"用例,当条件中"验证码"面板状态为"验证码 2"时,选择状态为"验证码 3";当条件中"验证码"面板状态为"验证码 3"时,选择状态为"验证码 1"。设置完成后,检视界面以及切换效果如图 5-11 和图 5-12 所示。

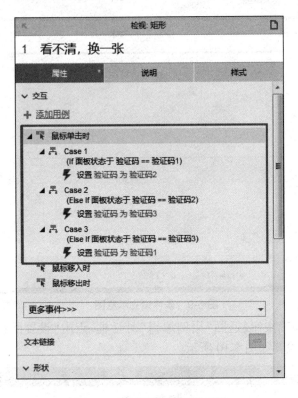

图 5-11　检视面板设置效果图

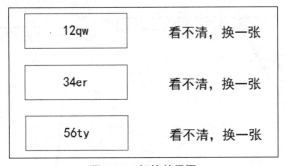

图 5-12　切换效果图

技能点二　组件交互

　　交互分为组件交互和页面交互,组件交互一般发生在同一页面内,页面交互则通过链接来完成页面的跳转。

1. 触发事件

触发事件是进行交互行为的原点,根据交互行为的不同,可选择不同的交互触发事件,以达到所需的不同交互效果。组件内常用的触发事件的介绍如表 5-1 所示。

表 5-1　组件内触发事件

触发事件	用途
鼠标移入时	鼠标进入到某个元件范围内之后触发
鼠标移出时	鼠标离开某个元件范围之后触发
鼠标单击时	应用于除动态面板外的所有元件,点击时触发
按键松开时	编辑文本框内容时,在键盘上按下某一按键,松开时触发
获取焦点时	组件获取焦点时触发
失去焦点时	组件失去焦点时触发
移动时	通过某一事件的触发控制面板移动
显示或隐藏时	当面板状态为显示或隐藏时触发

2. 组件交互的使用方法

组件的交互分为元件自身变化和诱发其他元件变化。元件自身变化是指在发生触发事件时,仅自身元件根据不同事件产生不同效果;诱发其他元件变化是指通过触发一个元件的某一事件,使另一元件随之发生改变。

（1）元件自身变化

通过"元件自身变化"案例,学习元件的自身交互。

第一步:创建一个灰色"矩形"元件,编辑文字并将其命名为"我喜欢的",字体颜色为黑色。设置其交互样式为"鼠标悬停"时,字体颜色为白色,矩形填充颜色为蓝色（图中显示为灰色）;"鼠标按下"时,字体颜色为红色,矩形填充颜色为白色。效果如图 5-13 至 5-15 所示。

图 5-13　普通状态下效果图

图 5-14　鼠标悬停时效果图

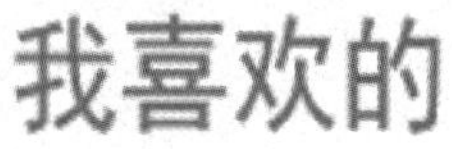

图 5-15　鼠标按下时效果图

第二步：在"我喜欢的"矩形基础上，再创建一个灰色"矩形"元件，命名为"竖条"。设置其交互样式为"鼠标悬停"时，填充颜色为白色。

当鼠标移入"竖条"矩形时，其填充颜色为白色，"我喜欢的"矩形填充颜色为灰色效果如图 5.16 所示；当鼠标移入"我喜欢的"矩形时，"竖条"矩形填充颜色为灰色，"我喜欢的"矩形填充颜色为蓝色（图中显示为灰色），效果如图 5.17 所示。

图 5-16　鼠标移入"竖条"矩形时

图 5-17　鼠标移入"我喜欢的"矩形时

第三步：同时选中"我喜欢的"矩形和"竖条"矩形，右键选择"组合"，并将其命名为"我喜欢的竖条组合"。点击右键选择"允许触发鼠标交互"，完成组件自身变化的设置。点击"预览"，当鼠标移入"我喜欢的竖条组合"后，"我喜欢的"矩形变为蓝色（图中显示为灰色），"竖条"矩形变为白色。效果如图 5-18 所示。

图 5-18　组合后触发事件

（2）诱发其他元件变化

在"元件自身变化"案例的基础上添加元件。通过触发元件的某一事件，使另一元件随之发生改变。具体操作步骤如下。

第一步：创建"矩形"元件，将其命名为"接触"，并设置其样式。选中"接触"矩形，在"检视"面板的"属性"界面下，双击"鼠标移入时"用例，弹出"用例编辑"对话框，对其进行设置。设置如图 5-19 所示。

第二步：选中"接触"矩形，双击"鼠标移出时"用例，弹出"用例编辑"对话框，对其进行设置。设置如图 5-20 所示。

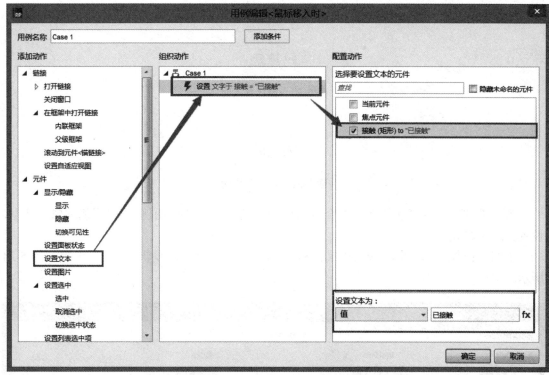

图 5-19 鼠标移入时"接触"用例编辑

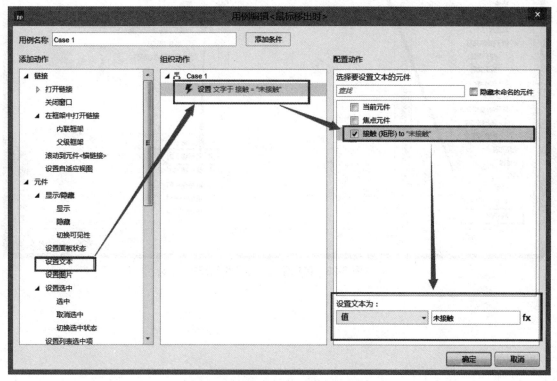

图 5-20 鼠标移出时"接触"用例编辑

效果如图 5-21 和 5-22 所示。

图 5-21　鼠标移入时

图 5-22　鼠标移出时

　　第三步：选中"我喜欢的竖条组合"组合，双击"鼠标移入时"用例，弹出用例编辑对话框，设置如图 5-23 所示。

　　第四步：重复上述步骤，双击"鼠标移出时"用例，弹出用例编辑对话框，设置如图 5-24 所示。

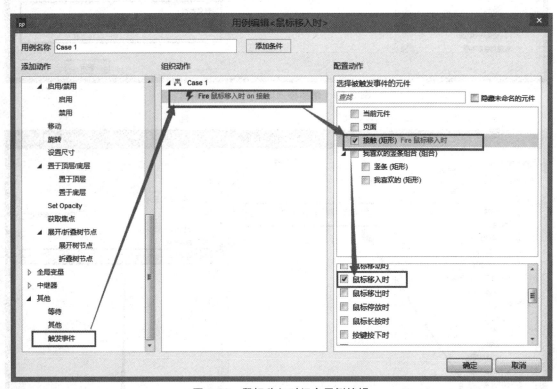

图 5-23　鼠标移入时组合用例编辑

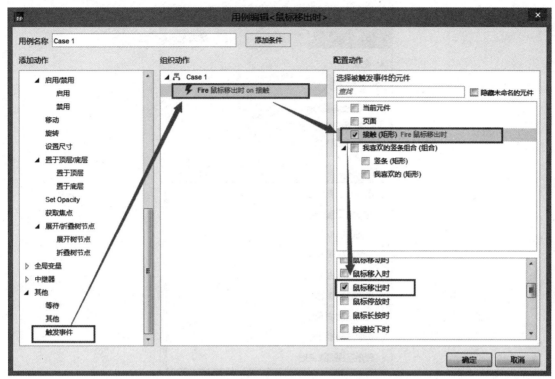

图 5-24 鼠标移出时组合用例编辑

最终效果如图 5-25 和 5-26 所示。

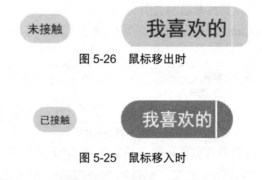

图 5-26 鼠标移出时

图 5-25 鼠标移入时

技能点三 页面交互

1. 触发事件

在页面交互设计中,可根据不同应用场景选择不同的触发事件。页面中常用的触发事件有"页面载入时""窗口调整尺寸时"和"窗口滚动时"。除了这三种常用的触发事件,还有许多其他的触发事件,如图 5-27 所示。

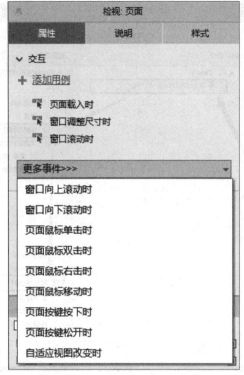

图 5-27   隐藏的页面触发事件

2. 页面交互的使用

页面交互一般通过添加用例，链接到指定的页面或者页面地址，来现页面的跳转。本技能点中通过"用户注册跳转"的案例来说明页面交互的使用的。

第一步：创建一个 Axure 项目，分别将主页面和子页面改名为"登录""注册"和"忘记密码"，如图 5-28 所示。

图 5-28   页面分布

第二步：分别为三个页面布置页面内容。页面如图 5-29 至 5-31 所示。

图 5-29   登录界面

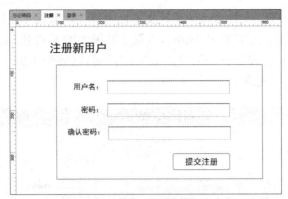

图 5-30 注册界面

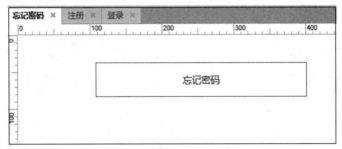

图 5-31 找回密码界面

第三步:返回"登录界面",选中"注册"提交按钮,双击"鼠标单击时"用例,打开"用例编辑"进行设置,将其链接到"注册"页面。设置示意图如图 5-32 所示。

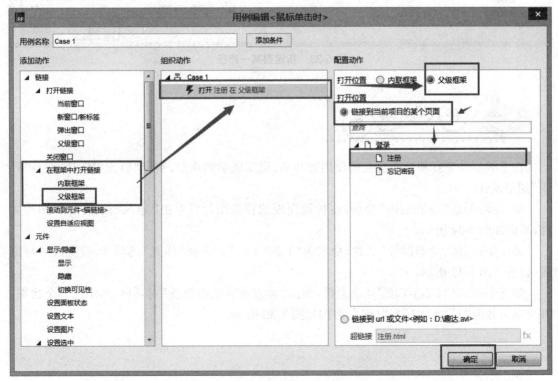

图 5-32 指定到某一页面

第四步：重复上述步骤，选中"忘记密码"文本标签，双击"鼠标单击时"用例，打开"用例编辑"进行设置，将其链接到"忘记密码.html"，设置示意图如图 5-33 所示。

至此，完成页面跳转的设置。当用户点击"注册"时，跳转至注册页面；当用户点击"忘记密码"时，跳转至忘记密码页面。

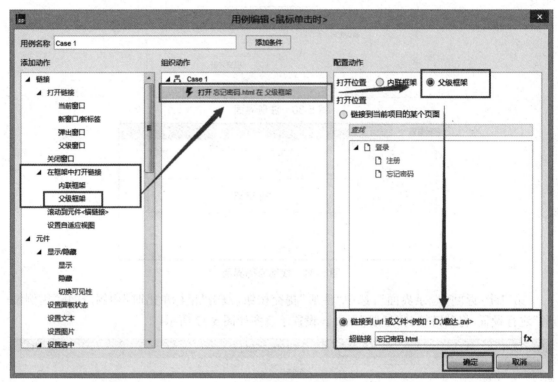

图 5-33　指定到某一路径

在了解组件交互和页面交互的使用方法后，根据所学知识点，实现"腾讯 QQ 找回密码界面"原型设计。

第一步：创建"找回密码"界面，在检视面板的背景图片栏单击"导入"按钮，导入图片文件，界面如图 5-34 所示。

第二步：创建"动态面板"元件，命名为"1-2-3-4 步"。选择"样式"选项卡，设置尺寸与位置，设置如图 5-35 所示。

第三步：双击"1-2-3-4 步"动态面板，弹出"动态面板状态管理"对话框，再添加三个状态，并分别命名为"1""2""3"和"OK"，界面如图 5-36 所示。

图 5-34 背景导入界面

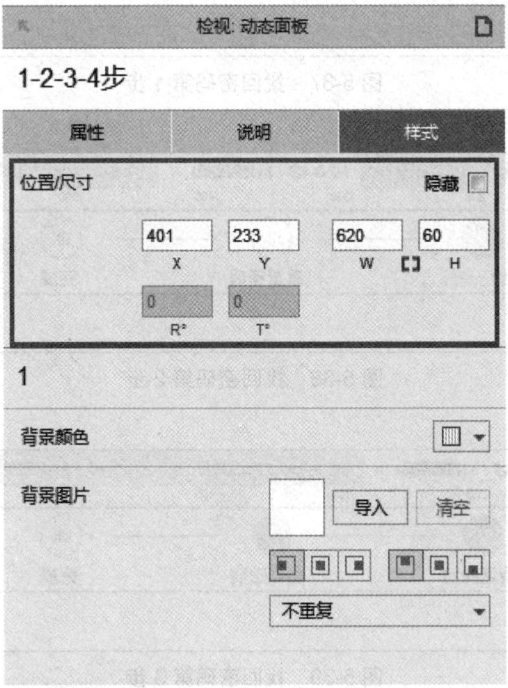

图 5-35 设置"1-2-3-4 步"动态面板位置与尺寸

图 5-36　添加状态示意图

第四步：在大纲面板中右击"1-2-3-4 步"动态面板，选择"编辑全部状态"，利用"椭圆""文本框"和"水平线"元件在四个不同的状态中布置页面，页面如图 5-37 至图 5-40 所示。

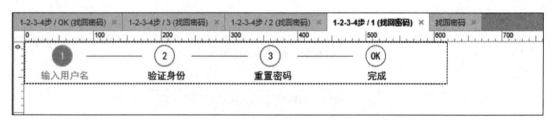

图 5-37　找回密码第 1 步

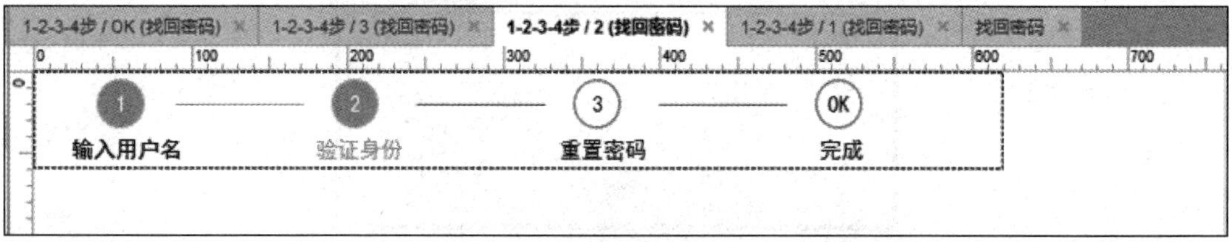

图 5-38　找回密码第 2 步

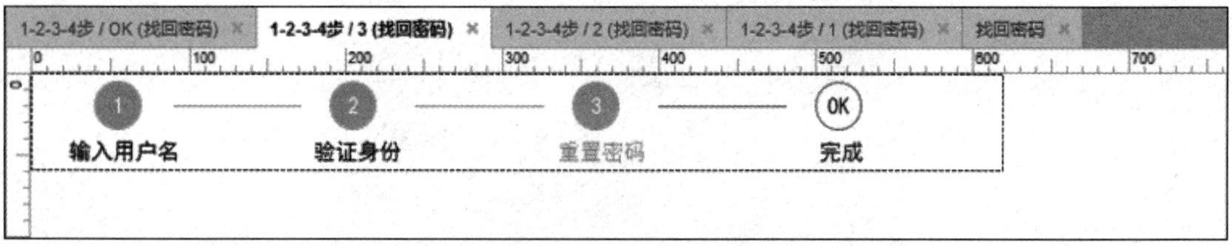

图 5-39　找回密码第 3 步

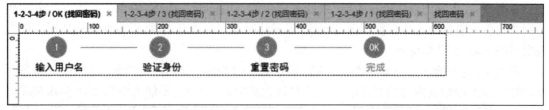

图 5-40 找回密码第 4 步

第五步:返回"找回密码"界面,创建"动态面板"元件,将其命名为"找回密码步骤",选择"样式"选项卡,设置尺寸与位置,设置如图 5-41 所示。

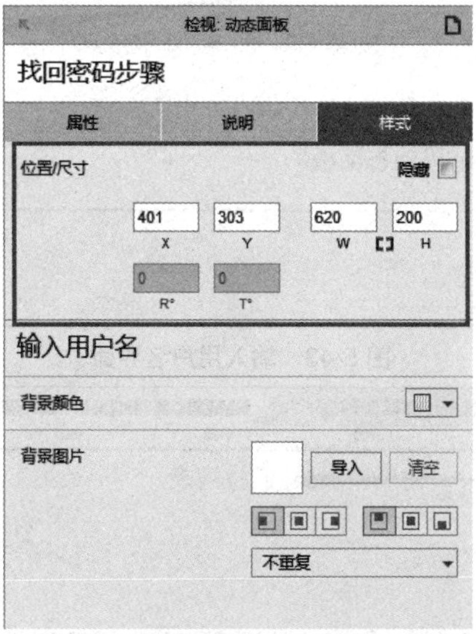

图 5-41 设置"找回密码步骤"动态面板位置与尺寸

第六步:双击"找回密码步骤"动态面板,弹出"动态面板状态管理"对话框,再添加三个状态,分别命名为"输入用户名""验证身份""重置密码"和"完成"。界面如图 5-42 所示。

图 5-42 "找回密码步骤"状态添加

第七步：在大纲面板中点击右键"找回密码步骤"动态面板，选择"编辑全部状态"，分别在不同的状态中用各种元件布置页面，注意添加元件时最好修改其名称，以方便查找使用。页面效果如图 5-43 至图 5-46 所示。

第八步：进入输入用户名界面，大纲界面如图 5-47 所示。双击"用户名为空提示"动态面板，弹出"动态面板状态管理对话框"，修改其状态名称为"用户名不能为空"，如图 5-48 所示。

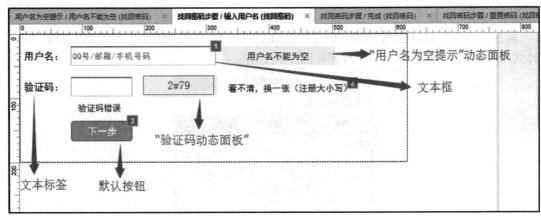

图 5-43　输入用户名界面

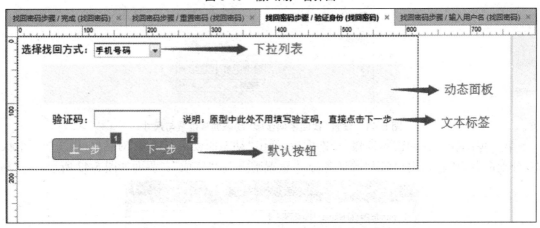

图 5-44　验证身份界面

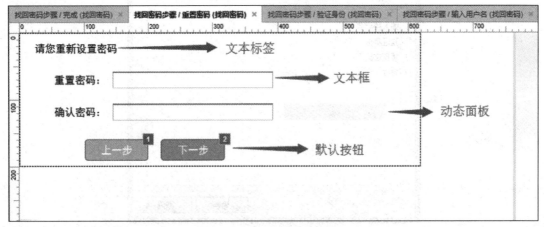

图 5-45　重置密码界面

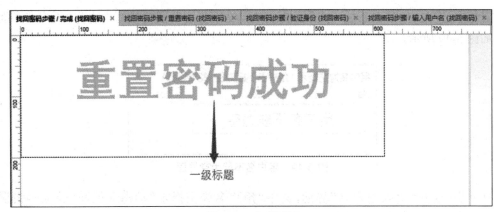

图 5-46 完成界面

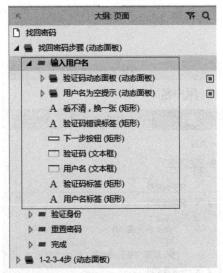

图 5-47 输入用户名大纲界面

图 5-48 "用户名为空提示"动态面板

第九步：进入"用户名不能为空"面板，创建"文本段落"元件，填写内容为"用户名不能为空"，如图 5-49 所示。

图 5-49　用户名不能为空界面

第十步：返回"输入用户名"界面，选中"用户名为空提示"动态面板和"验证码错误标签"，点击右键设为隐藏。

第十一步：选中"用户名"文本框元件，在属性中对"获取焦点时"和"失去焦点时"用例进行设置，如图 5-50 所示。

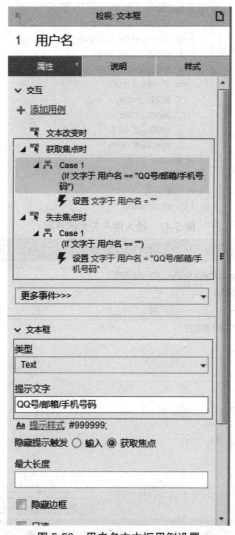

图 5-50　用户名文本框用例设置

第十二步：双击"验证码动态面板"，弹出动态面板状态管理"对话框，再添加两个状态，并分别命名为"验证码 1""验证码 2"和"验证码 3"，如图 5-51 所示：

第十三步：点击右键"验证码动态面板"，选择"编辑全部状态"，向三个状态中分别拖入一个"矩形"元件，并输入不同数值，如图 5-52 至图 5-54 所示。

第十四步：选中"看不清，换一张"标签，选择属性，对"鼠标点击时"用例进行设置，效果如图 5-55 至图 5-58 所示。

图 5-51　验证码状态添加

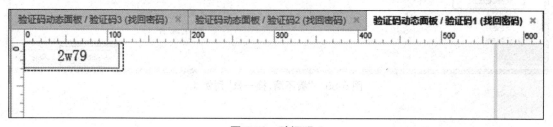

图 5-52　验证码 1

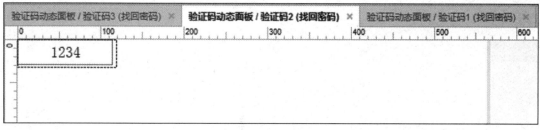

图 5-53　验证码 2

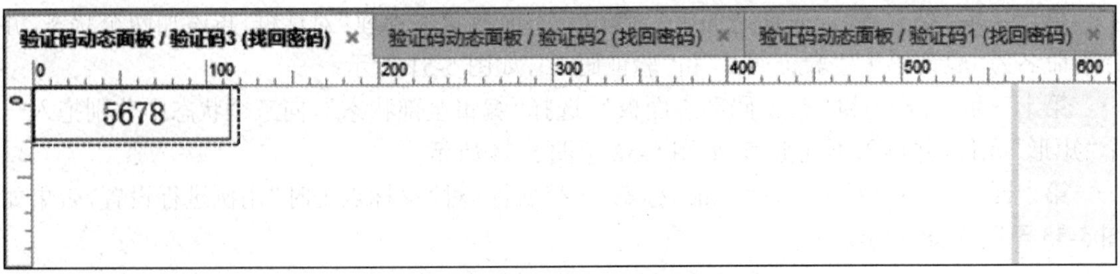

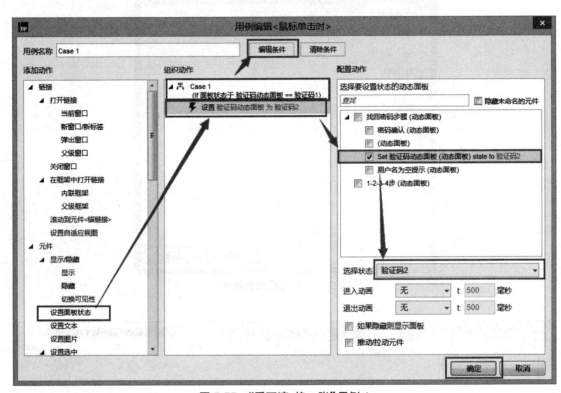

图 5-54　验证码 3

图 5-55　"看不清,换一张"用例 1

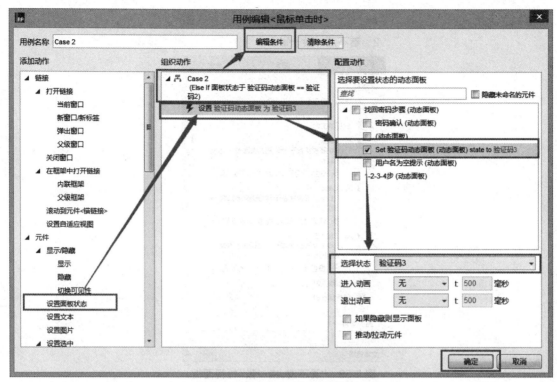

图 5-56 "看不清,换一张"用例 2

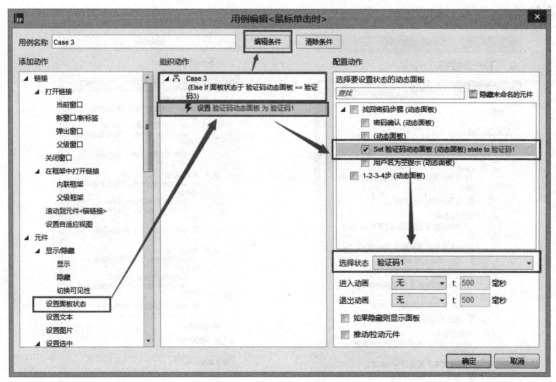

图 5-57 "看不清,换一张"用例 3

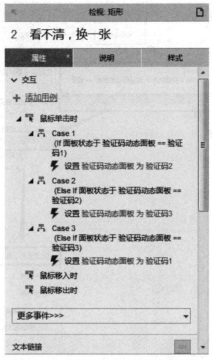

图 5-58　"看不清，换一张"检视面板

第十五步：选中"下一步按钮"，选择属性，对"鼠标单击时"用例进行设置，如图 5-59 和图 5-60 所示。

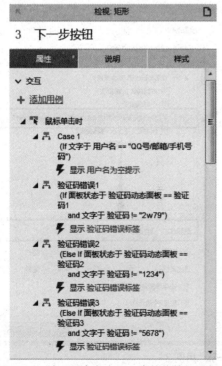

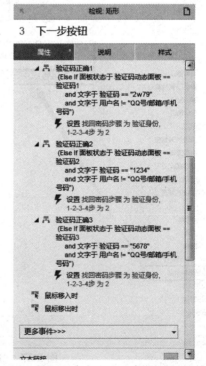

图 5-59　输入用户名中下一步按钮检视面板 1　　　图 5-60　输入用户名中下一步按钮检视面板 2

第十六步:进入"验证身份页面",因原型设计中不涉及获取验证码,所以直接点击"上一步"或"下一步"按钮。

第十七步:选中"上一步按钮",选择属性,对"鼠标单击时"用例进行设置,如图 5-61 和图 5-62 所示。

第十八步:选中"下一步按钮",选择属性,对"鼠标单击时"用例进行设置,如图 5-63 和图 5-64 所示。

第十九步:进入"重置密码"界面,双击"密码确认"动态面板,弹出"动态面板状态管理"对话框,再添加一个状态,分别命名为"密码不能为空"和"两次密码不一致",如图 5-65 所示。

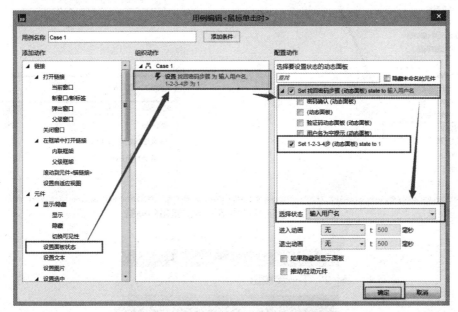

图 5-61　验证身份中上一步按钮用例编辑

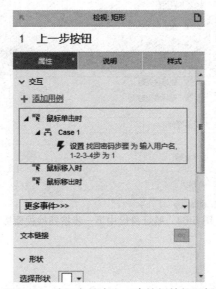

图 5-62　验证身份中上一步按钮检视面板

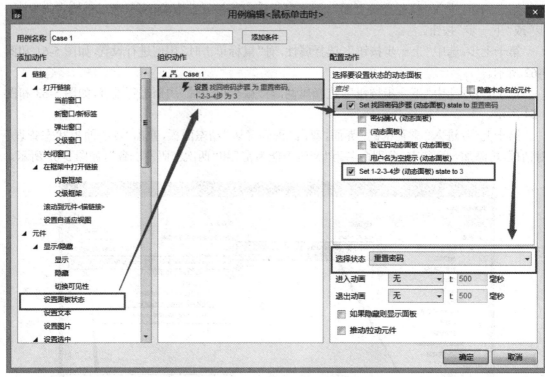

图 5-63 验证身份中下一步按钮用例编辑

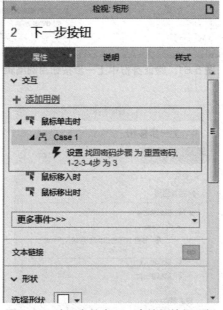

图 5-64 验证身份中下一步按钮检视面板

图 5-65 "密码确认"动态面板状态添加

第二十步: 右击"密码确认"动态面板, 选择"编辑全部状态", 分别在两个状态中输入文本, 如图 5-66 和图 5-67 所示。

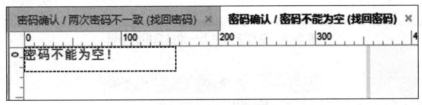

图 5-66 密码不能为空

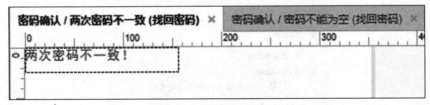

图 5-67 两次密码不一致

第二十一步: 返回"重置密码"界面, 选中"密码确认"动态面板, 将其设为隐藏。

第二十二步: 选中"上一步按钮", 选择属性, 对用例进行设置, 如图 5-68 和图 5-69 所示。

第二十三步: 选中"下一步按钮", 选择属性, 对用例进行设置, 如图 5-70 和图 5-73 所示。

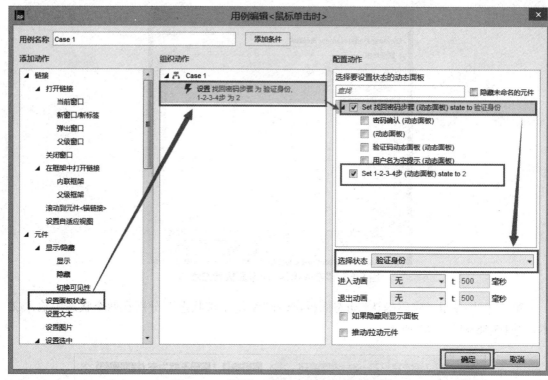

图 5-68　重置密码中上一步按钮用例编辑

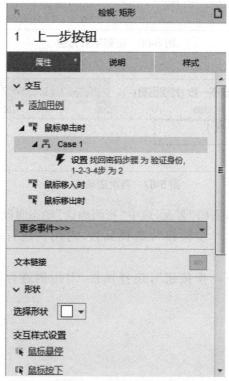

图 5-69　重置密码中上一步按钮检视面板

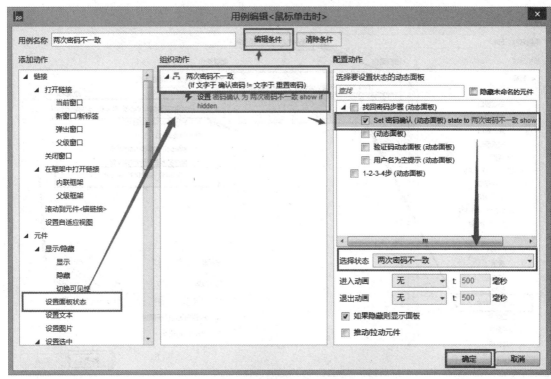

图 5-70 重置密码中下一步按钮用例 1

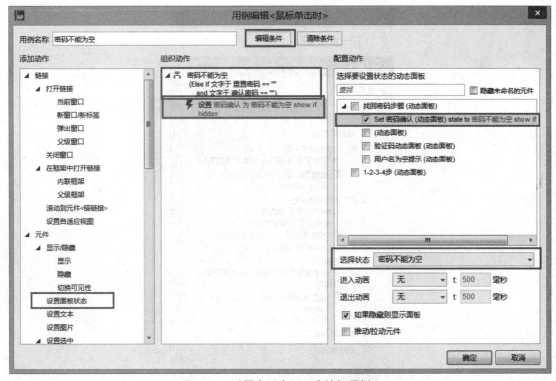

图 5-71 重置密码中下一步按钮用例 2

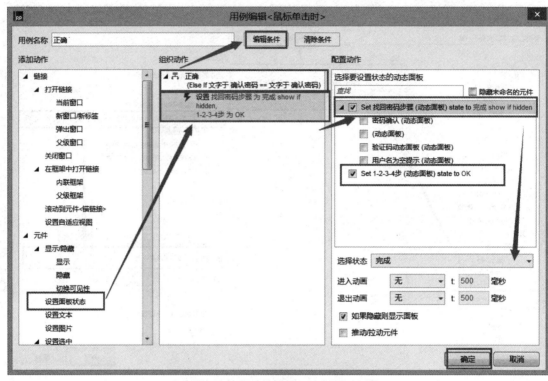

图 5-72　重置密码中下一步按钮用例 3

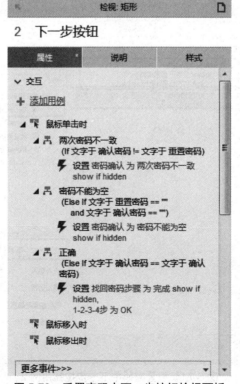

图 5-73　重置密码中下一步按钮检视面板

点击"预览",查看密码找回的步骤,效果如图 5-74 至 5-77 所示。

图 5-74 找回密码第一步

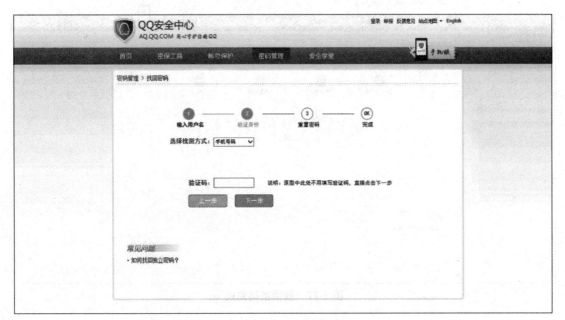

图 5-75 找回密码第二步

图 5-76　找回密码第三步

图 5-77　找回密码完成

本任务使用动态面板以及交互相关知识,在组件与页面之间进行交互,实现"腾讯QQ找回密码界面"的原型设计。读者可在熟悉元件使用的同时,掌握组件交互与页面交互中的触发事件的使用。

一、选择题

1. 下列事件不属于鼠标事件的是(　　　)。

A. 鼠标点击时　　　　　　　　　　B. 获取焦点时

C. 鼠标移入时　　　　　　　　　　D. 按键松开时

2 下列选项不属于组件的触发事件的是(　　　)。

A. 页面按键松开时　　　　　　　　B. 鼠标移入时

C. 按键松开时　　　　　　　　　　D. 失去焦点时

3. 下列选项在条件设立时不需要设置的是(　　　)。

A. 条件选择　　　　　　　　　　　B. 运算符

C. 条件加减　　　　　　　　　　　D. 设置面板状态

4. 下列关于交互的说法不正确的是(　　　)。

A. 交互可分为组件交互和页面交互两种　　B. 交互必须要通过条件触发

C. 同一触发事件只能产生一个交互　　　　D. 同一触发事件可产生多个交互

5. 下列不属于交互样式的是(　　　)。

A. 页面载入　　　　　　　　　　　B. 鼠标按下

C. 选中　　　　　　　　　　　　　D. 禁用

二、操作题

根据本项目所学的交互知识,完成"腾讯QQ登录与注册"的原型设计,实现在登录页面点击"注册新账号"则跳转至注册页面的效果。界面可参照图5-78和图5-79。

图 5-78　登录界面

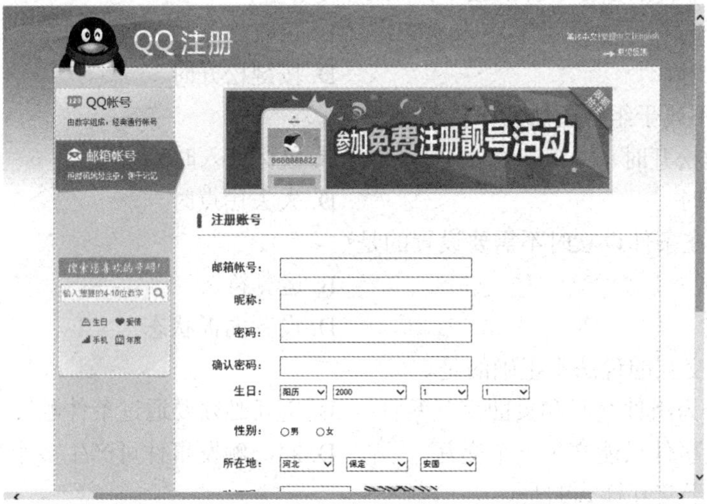

图 5-79　注册界面

项目六 "雅虎天气"原型设计

通过实现"雅虎天气"的原型设计,学习 Axure 变量和函数的相关知识。了解 Axure 中全局变量与局部变量的区别,熟悉 Axure 中各类函数的分类,掌握变量与函数的搭配使用。在任务实现的过程中,

- 了解全局变量和局部变量的定义。
- 熟悉 Axure 中函数的属性。
- 掌握 Axure 中全局变量和局部变量的使用。
- 具有使用变量和函数设计复杂原型的能力。

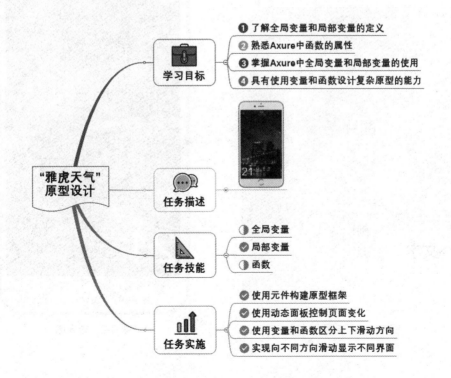

【情境导入】

人们平时使用的 App 软件都具有滑屏的功能,通过不同方向的滑动,可显示不同的界面。以"雅虎天气"的原型设计为例,左右滑动屏幕可切换城市界面,上下滑动可查看某城市的天气详情。

【功能描述】

本任务主要完成"雅虎天气"的原型设计,在该原型中,页面首先显示"纽约"的天气情况,向上滑动将显示"纽约"的天气详情,向右滑动将切换到"北京"的天气情况。具体功能实现如下:

● 使用元件构建原型框架。
● 使用动态面板控制页面变化。
● 使用变量和函数区分上下滑动方向。
● 实现向不同方向滑动显示不同界面。

【基本框架】

基本框架如图 6-1 所示。"雅虎天气"原型初始页面效果如图 6-2 所示。

图 6-1　框架图

图 6-2　效果图

技能点一 全局变量

在 Axure 中可通过变量存储数据,使其能够在不同的元件和页面之间传递变量值。Axure 中包括两种变量,即全局变量和局部变量。

1. 全局变量定义

全局变量可在整个原型设计的所有界面用例中使用,常用于存储临时数据。

在 Axure 软件右侧"检视"面板中,点击"交互"下的"添加用例",弹出"用例编辑对话框",选择"全局变量"下的"设置变量值",Axure 会默认一个名为"OnLoadVariable"的全局变量。若想添加新的全局变量,点击对话框右侧的"添加全局变量"选项即可。操作如图 6-3 所示。

图 6-3 设置全局变量

在全局变量对话框中,可以对全局变量进行添加、删除、重命名和设置变量值等操作,如图 6-4 所示。添加全局变量必须遵守以下原则:

● 变量名必须是数字或者字母,并以字母开头,不能出现中文。

● 变量名要少于 25 个字符,且不能包含空格。

使用"添加"功能可以添加新的全局变量,使用"删除"功能可将选择的全局变量删除,使用"上移"和"下移"功能可调整全局变量的顺序。

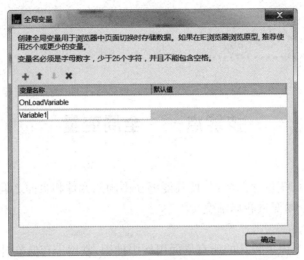

图 6-4　全局变量界面

　　添加全局变量后，在"用例编辑"对话框右侧下方的下拉框中可以设置全局变量的值。操作如图 6-5 所示。

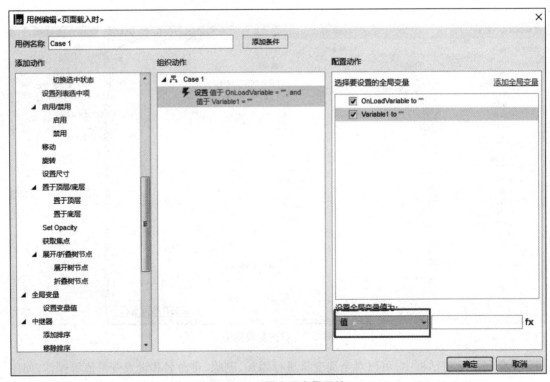

图 6-5　设置全局变量属性

　　不同全局变量的值代表不同的意义，对全局变量值的介绍可参见表 6-1。

表 6-1 全局变量值

值	含义
值	可为常量、数值、字符串值
变量值	获取另外一个变量的值
变量值长度	获取另外一个变量值的长度
元件文字	获取元件上的文字
焦点元件文字	获取焦点元件上的文字
被选项	获取被选择的项目
选择状态	获取元件的选中状态
面板状态	获取面板的当前状态

2. 全局变量的使用

在了解全局变量的定义后,通过一个案例来讲解全局变量的使用。通过全局变量获取输入框中的文字,点击按钮使这些文字显示在标题元件上。具体操作步骤如下。

第一步:新建一个 Axure 项目,在画布中添加"文本框""一级标题""主要按钮"三个元件,将"文本框"元件命名为"输入";将"一级标题"元件命名为"文本",并编辑其内容为"显示文本";将"主要按钮"元件命名为"显示",并编辑其内容为"输入"。页面布局如图 6-6 所示。

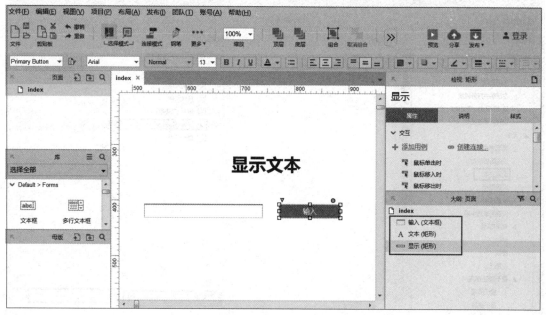

图 6-6 添加元件

第二步:添加一个名为"Text"的全局变量。选中"文本框"元件,双击"文本改变时"用例,在弹出的对话框中,设置其变量值。选择"Text"变量,设置全局变量值为"元件文字"中的"输入(文本框)"。操作如图 6-7 所示。

第三步:选中"主要按钮"元件,双击"鼠标点击时"用例,在弹出的对话框中,点击"元件"

下的"设置文本"选项,在配置动作中选择"文本(矩形)"并设置"文本(矩形)"的"变量值"为"Text"。操作如图 6-8 所示。

图 6-7　添加 Text 变量

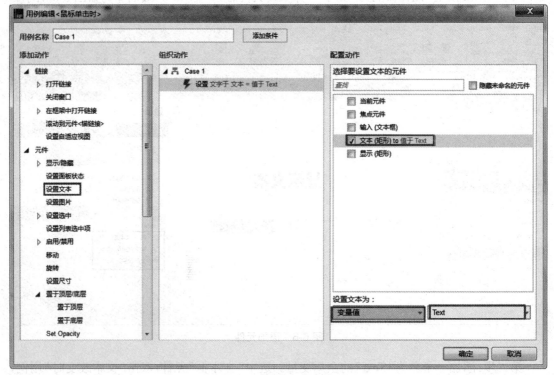

图 6-8　设置点击事件

　　第四步:点击"预览",在文本框中输入"欢迎使用 Axure",点击"输入"按钮。效果如图 6-9 和图 6-10 所示。

图 6-9 输入文字

图 6-10 点击按钮

技能点二 局部变量

1. 局部变量定义

局部变量的作用范围为一个用例中的一个事务,一个事件中可有多个用例,一个用例中可有多个事务。由于局部变量的作用范围非常小,所以其只能充当事务中的赋值载体。局部变量只供某个触发事件的某个动作使用,其他触发事件不可以使用。

局部变量的添加也十分容易,点击"交互"下的"添加用例",在弹出的"用例编辑"对话框中选择"设置变量值",选中"全局变量",点击配置动作中的 fx 按钮,在弹出的"编辑文本"对话框中点击"添加局部变量"选项,即可添加一个局部变量。界面如图 6-11 所示。

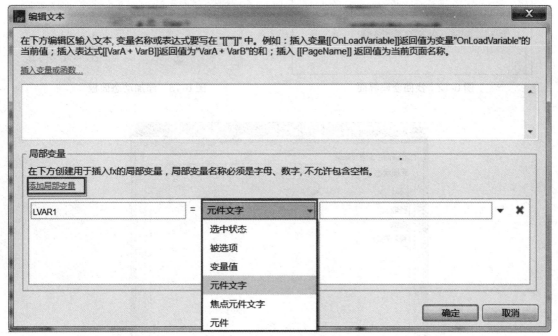

图 6-11 设置局部变量

2. 局部变量的使用

在了解局部变量的定义及添加方法后,通过完成找回密码倒计时的原型设计,介绍局部变量的使用方法。具体操作步骤如下。

第一步：在画布中利用元件设计一个找回密码的界面，页面布局如图 6-12 所示。

第二步：添加一个"动态面板"元件到如图 6-13 所示位置。双击此动态面板，在"动态面板状态管理"页面再添加两个状态，将三个状态分别命名为"获取""倒数"和"重新获取"。操作如图 6-14 所示。

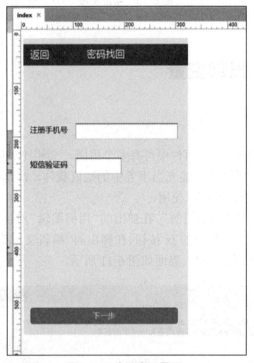

图 6-12 找回密码界面

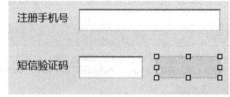

图 6-13 添加动态面板

图 6-14 动态面板状态管理

分别在"获取"和"重新获取"状态中添加"主要按钮"元件,并填充对应文字,操作如图 6-15 和图 6-16 所示。

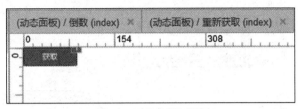

图 6-15 添加"获取"按钮

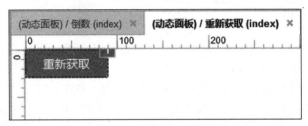

图 6-16 添加"重新获取"按钮

第三步:在"倒数"状态中添加一个"Button"元件,修改填充颜色并编辑文字。再添加一个"文本框"标签,命名为"倒数文本框",界面如图 6-17 所示。

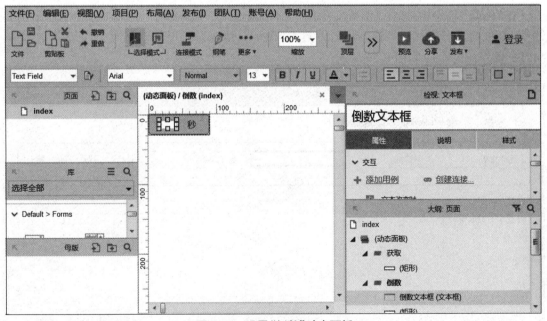

图 6-17 设置"倒数"动态面板

在"获取"状态中,选中按钮元件,双击"鼠标点击时"用例,分别设置"设置面板状态"为"倒数";"等待"时间为"1000 毫秒";"设置文字"为"倒数文本框"值为"44"。操作如图 6-18 所示。

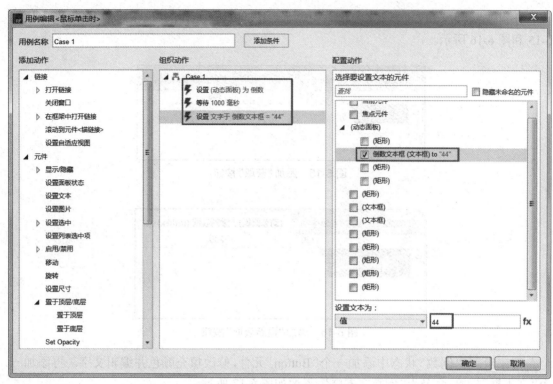

图 6-18　添加"鼠标点击时"事件

在"倒数"状态中,选中"倒数文本框"元件,双击"文本改变时"事件,在弹出的"用例编辑"对话框中,设置一个"等待"动作,并点击"添加条件"按钮,设置条件为"if 文字于 This >= "1""。操作如图 6-19 和图 6-20 所示。

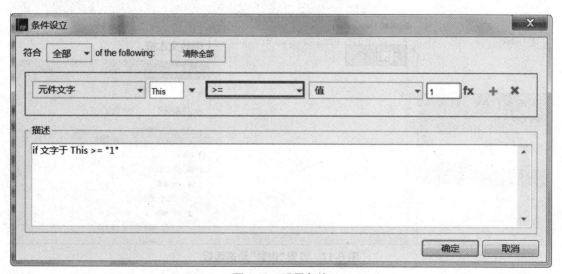

图 6-19　设置条件

图 6-20 "文本改变时"事件用例

第四步：在"文本改变时"事件中添加"设置文本"动作，选择"倒数文本框"元件，点击右下角的 fx 按钮。设置如图 6-21 所示。

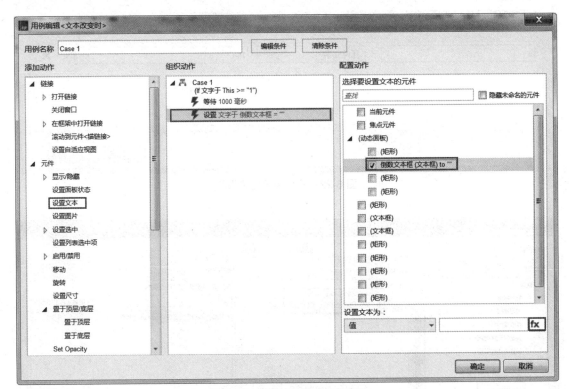

图 6-21 添加"设置文本"动作

在弹出的"编辑文本"对话框中，在上方的"插入变量或函数"中添加一个变量"[[a-1]]"，点击"添加局部变量"选项，添加一个局部变量"a"。操作如图 6-22 所示。

第五步：选中"倒数文本框"，双击"鼠标点击时"用例，添加一个条件"Else if 文字于 This == "0""，选择"设置面板状态"为"重新获取"。操作如图 6-23 所示。

第六步：在"重新获取"状态中，选中"主要按钮"元件，双击"鼠标点击时"用例，添加"设置文本"和"设置面板状态"动作。操作如图 6-24 所示。

第七步：点击"预览"，点击"获取"按钮，数字从 44 开始倒数，倒数到 0 时，显示"重新获取"按钮。界面效果如图 6-25 所示。

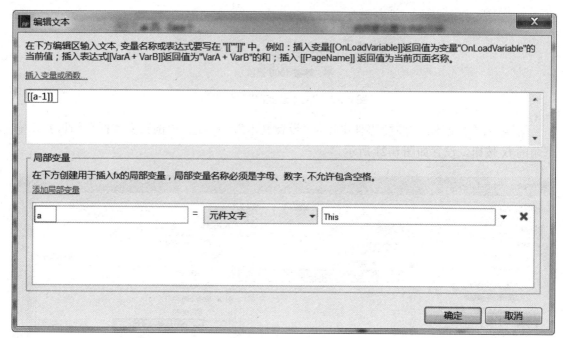

图 6-22　添加局部变量"a"

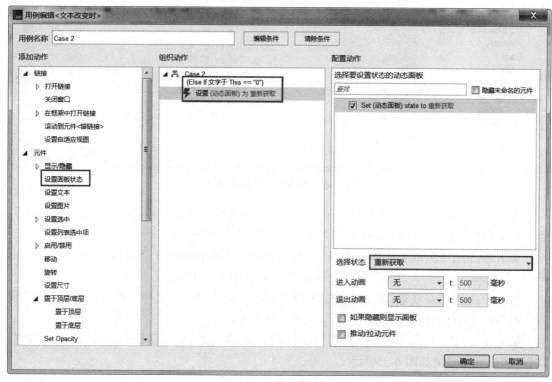

图 6-23　设置面板状态

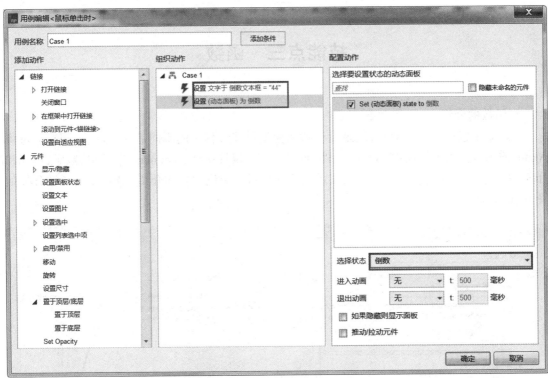

图 6-24 添加"鼠标点击时"事件

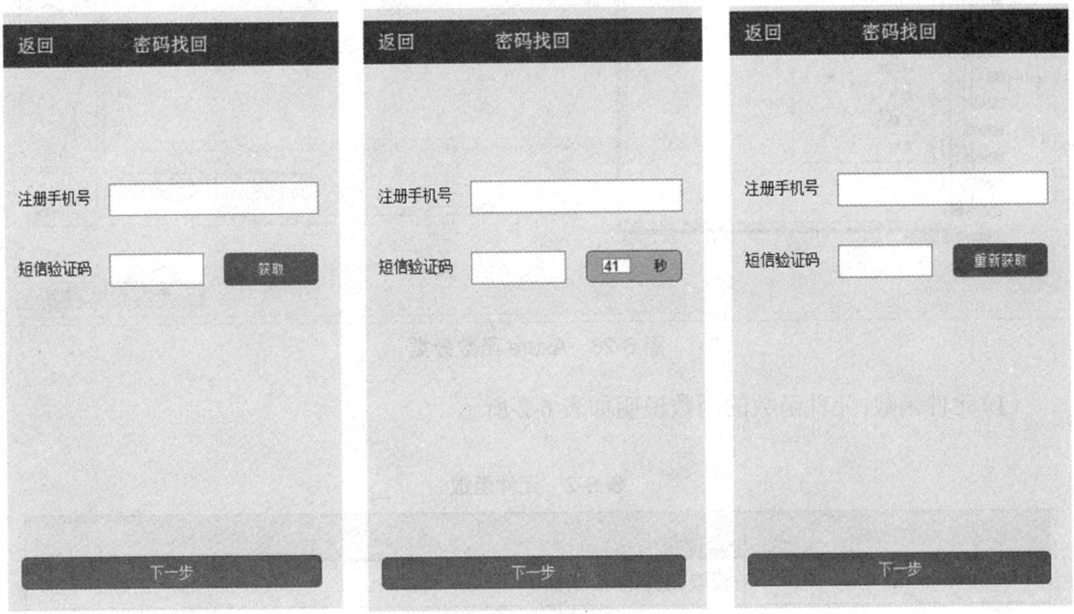

图 6-25 找回密码实现效果

技能点三　　函数

1. 函数的介绍

Axure 中包含大量函数,可满足设计师在原型设计过程中的不同需求,按照不同功能可将 Axure 的函数分为中继器/数据集、元件、页面、窗口、鼠标指针、Number、字符串、数学、日期和 布尔 10 种类型。其中中继器/数据集函数将在项目七中进行具体介绍。Axure 的函数分类如 图 6-26 所示。

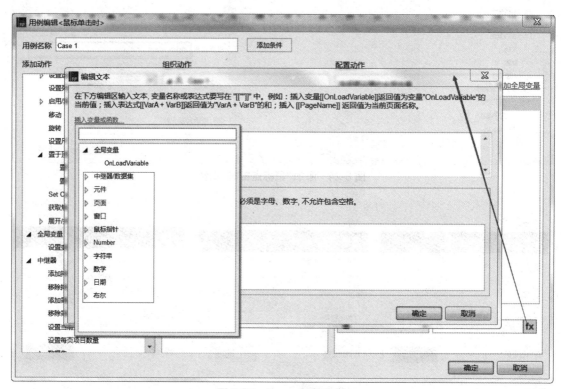

图 6-26　Axure 函数分类

（1）元件函数：元件函数的函数说明如表 6-2 所示。

表 6-2　元件函数

函数名称	说明
x	获取元件的 X 坐标
y	获取元件的 Y 坐标
this	获取当前元件
width	获取元件的宽度

函数名称	说明
height	获取元件的高度
scrollX	获取元件的水平滚动距离（当前仅限动态面板）
scrollY	获取元件的垂直滚动距离（当前仅限动态面板）
text	获取元件的文本值
name	获取元件的自定义名称
left	获取元件的左边界坐标值
top	获取元件的上边界坐标值
right	获取元件的右边界坐标值
bottom	获取元件的下边界坐标值
opacity	获取元件对象的不透明比例
rotation	获取元件对象的旋转角度
Target	获取目标元件

（2）页面函数：页面函数的函数说明如表 6-3 所示。

表 6-3　页面函数

函数名称	说明
pageName	获取当前页面的名称

（3）窗口函数：窗口函数的函数说明如表 6-4 所示。

表 6-4　窗口函数

函数名称	说明
Window.width	获取窗口的高度
Window.height	获取窗口的宽度
Window.scrollX	获取窗口的水平滚动距离
Window.scrollY	获取窗口的垂直滚动距离

（4）鼠标指针函数：鼠标指针函数的函数说明如表 6-5 所示。

表 6-5　鼠标指针函数

函数名称	说明
Cursor.x	鼠标指针在页面中位置的 X 轴坐标
Cursor.y	鼠标指针在页面中位置的 Y 轴坐标

函数名称	说明
DragX	鼠标指针沿 X 轴拖动元件的拖动距离
DragY	鼠标指针沿 Y 轴拖动元件的拖动距离
TotalDragX	鼠标指针拖动元件从开始到结束的 X 轴移动距离
TotalDragY	鼠标指针拖动元件从开始到结束的 Y 轴移动距离
DragTime	鼠标指针拖动元件从开始到结束的总时长

（5）数字（Number）函数：数字函数的函数说明如表 6-6 所示。

表 6-6　数字函数

函数名称	说明
toExponential(decimalPoints)	把数值转换为指数计数法。参数 decimalPoints 为保留小数的位数
toFixed(decimalPoints)	将一个数字转为保留指定位数的小数，小数位数超出指定位数时进行四舍五入。参数 decimalPoints 为保留小数的位数
toPrecision(length)	把数字格式化为指定的长度。参数 length 为格式化后的数字长度

（6）字符串函数：字符串函数的函数说明如表 6-7 所示。

表 6-7　字符串函数

函数名称	说明
length	获取当前文本对象的长度
charAt(index)	获取当前文本对象中指定位置的字符，参数 index 表示字符的位置（index 为大于 0 的整数）
charCodeAt(index)	获取当前文本对象中指定位置字符的 Unicode 编码，参数 index 表示字符的位置
concat('string')	将当前文本对象与另一个字符串组合，参数 String 表示连接的字符串
indexOf('searchValue)	从左至右获取查询字符串在当前文本对象中首次出现的位置。未查询到时返回值为 −1。参数 searchValue 为指定查询的字符串
lastIndexOf('searchvalue')	从右至左获取查询字符串在当前文本对象中首次出现的位置。未查询到时返回值为 −1。参数 searchValue 为指定查询的字符串
replace('searchvalue', 'newvalue')	用新的字符串替换当前文本对象中指定的字符串。参数 searchvalue 为被替换的字符串，参数 newvalue 为新文本字符串
slice(start, end(	从当前文本对象中截取指定起始位置到终止位置之间的字符串。参数 start 为被截取部分的起始位置，参数 end 为被截取部分的终止位置
split（'separator', limit）	将字符串按照一定规则分割成字符串组，数组的各个元素以“,”分隔。参数 separator 表示用于分隔的字符串，参数 limit 表示数组的最大长度

函数名称	说明
substr(start, length)	从当前文本对象中指定起始位置开始截取一定长度的字符串。参数 start 为被截取部分的起始位置,参数 length 为被截取部分的长度
substring(from, to)	从当前文本对象中截取从指定位置到另一指定位置区间的字符串。参数 from 为指定区间的起始位置,参数 to 为指定区间的终止位置
toLowerCase()	将文本对象中所有的大写字母转换为小写字母
toUpperCase()	将当前文本对象中所有的小写字母转换为大写字母
trim()	去除当前文本对象两端的空格
toString()	将一个逻辑值转换为字符串

(7)数学函数:数学函数的函数说明如表 6-8 所示。

表 6-8 数学函数

函数名称	说明
+	加,返回前后两个数的和
−	减,返回前后两个数的差
×	乘,返回前后两个数的乘积
/	除,返回前后两个数的商
%	余,返回前后两个数的余数
abs(x)	计算参数数值的绝对值。参数 x 为数值
acos(x)	获取一个数值的反余弦弧度值。参数 x 为数值
asin(x)	获取一个数值的反正弦值。参数 x 为数值
atan(x)	获取一个数值的反正切值。参数 x 为数值
atan2(y, x)	返回 x 轴到 (x, y) 的角度
ceil(x)	向上取整函数,获取大于或者等于指定数值的最小整数。参数 x 为数值
cos(x)	余弦函数。参数 x 为弧度数值
exp(x)	指数函数。参数 x 为数值
floor(x)	向下取整函数,获取小于或者等于指定数值的最大整数。参数 x 为数值
log(x)	对数函数。参数 x 为数值
max(x, y)	获取参数中的最大值。参数"x, y"表示多个数值,而非两个数值
min(x, y)	获取参数中的最小值。参数"x, y"表示多个数值,而非两个数值
pow(x, y)	x 的 y 次幂
random()	随机数函数。返回一个 0 和 1 之间的随机数
sin(x)	正弦函数。参数 x 为弧度数值

续表

函数名称	说明
sqrt(x)	平方根函数。参数 x 为数值
tan(x)	正切函数。参数 x 为弧度数值

（8）日期函数：日期函数的函数说明如表 6-9 所示。

表 6-9 日期函数

函数名称	说明
Now	获取当前计算机系统日期对象
GenDate	获取原型生成日期对象
getDate()	获取日期对象"日期"部分的数值（1~31）
getDay()	获取日期对象"星期"部分的数值（0~6），星期日值为 0
getDayOfWeek()	获取日期对象"星期"部分的英文名称
getFullYear()	获取日期对象"年份"部分的四位数值
getHours()	获取日期对象"小时"部分的数值（0~23）
getMilliseconds()	获取日期对象的毫秒数（0~999）
getMinutes()	获取日期对象"分钟"部分的数值（0~59）
getMonth()	获取日期对象"月份"部分的数值（1~12）
getMonthName()	获取日期对象"月份"部分的英文名称
getSeconds()	获取日期对象"秒数"部分的数值（0~59）
getTime()	获取当前日期对象中的时间值。该时间值表示从 1970 年 1 月 1 日 00：00：00 开始，到当前日期对象时，所经过的毫秒数
getTimezoneOffset()	获取世界标准时间（UTC）与当前主机时间之间的分钟差值
getUTCDate()	使用世界标准时间获取当前日期对象"日期"部分的数值（1~31）
getUTCDay()	使用世界标准时间获取当前日期对象"星期"部分的数值（0~6）
getUTCFullYear()	使用世界标准时间获取当前日期对象"年份"部分的四位数值
getUTCHours()	使用世界标准时间获取当前日期对象"小时"部分的数值（0~23）
getUTCMilliseconds()	使用世界标准时间获取当前日期对象的毫秒数（0~999）
getUTCMinutes()	使用世界标准时间获取当前日期对象"分钟"部分的数值（0~59）
getUTCMonth()	使用世界标准时间获取当前日期对象"月份"部分的数值（1~12）
getUTCSeconds()	使用世界标准时间获取当前日期对象"秒数"部分的数值（0~59）
parse(datestring)	用于分析一个包含日期的字符串，并返回该日期与 1970 年 1 月 1 日 00：00：00 之间相差的毫秒数。参数 datestring 为日期格式的字符串，格式为：yyyy/mm/dd hh：mm：ss
toDateString()	以字符串的形式获取一个日期

函数名称	说明
toISOString()	获取当前日期对象的 IOS 格式的日期字串
toJSON()	获取当前日期对象的 JSON 格式的日期字串
toLocaleDateString()	根据本地日期格式,将 Date 对象转换为日期字符串
toLocaleTimeString()	根据本地日期格式,将 Date 对象转换为时间字符串
toUTCString()	以字符串的形式获取相对于当前日期对象的世界标准时间
UTC(year,month,day,hour, min,sec,millisec)	获取相对于 1970 年 1 月 1 日 00:00:00 的世界标准时间,与指定日期对象之间相差的毫秒数。参数组成指定日期对象的年、月、日、时、分、秒以及毫秒的数值
valueOf()	获取当前日期对象的原始值
addYears(years)	将指定的年份数加到当前日期对象上,获取一个新的日期对象。参数 years 为整数数值
addMonths(months)	将指定的月份数加到当前日期对象上,获取一个新的日期对象。参数 months 为整数数值
addDays(days)〕	将指定的天数加到当前日期对象上,获取一个新的日期对象。参数 days 为整数数值,正负均可
addHours(hours)	将指定的小时数加到当前日期对象上,获取一个新的日期对象。参数 hours 为整数数值
addMinutes(minutes)	将指定的分钟数加到当前日期对象上,获取一个新的日期对象。参数 minutes 为整数数值
addSeconds(seconds)	将指定的秒数加到当前日期对象上,获取一个新的日期对象。参数 seconds 为整数数值
addMilliseconds(ms)	将指定的毫秒数加到当前日期对象上,获取一个新的日期对象。参数 ms 为整数数值

(9)布尔函数:布尔函数的函数说明如表 6-10 所示。

表 6-10 布尔函数

函数名称	说明
==	等于
!=	不等于
<	小于
<=	小于等于
>	大于
>=	大于等于
&&	并且

续表

函数名称	说明
‖	或者

2. 函数的使用方法

在了解函数的种类及说明后,以日期函数为例,完成一个简易时钟的原型设计,从而介绍函数的使用方法。具体操作如下。

第一步:创建一个"一级标题"元件,将其转化为"动态面板",并命名为"日期"。操作如图 6-27 所示。

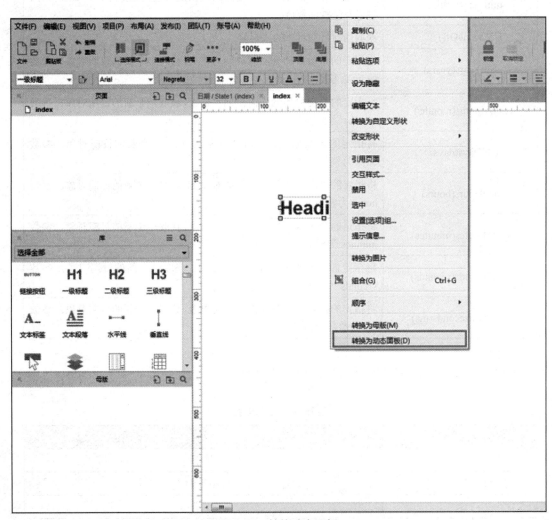

图 6-27　转换动态面板

第二步：动态面板创建完成后，复制"State1"。操作如图 6-28 所示。

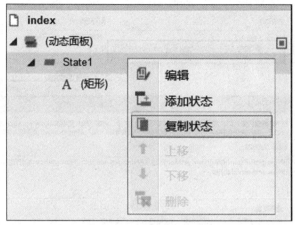

图 6-28　复制动态面板

第三步：返回主界面，双击"页面载入时"用例，设置面板状态为"日期"动态面板，并设置其状态为"Next""向后循环""循环间隔"为 1000 毫秒。操作如图 6-29 所示。

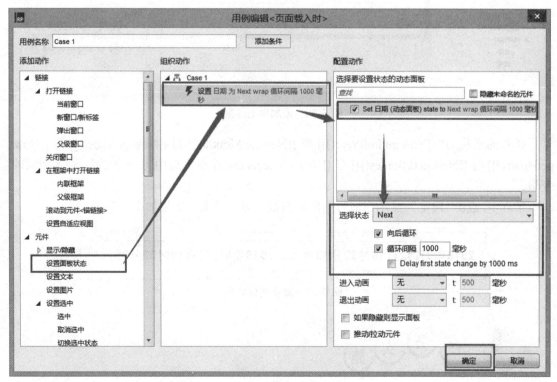

图 6-29　设置面板状态

第四步：选中"日期"动态面板，双击"状态改变时"用例，选择"设置文本"选项，选中相关矩形（两个矩形分别为动态面板"State1"和"State2"中的矩形），点击右下角的 fx 按钮，在编辑文本界面添加相关变量。操作如图 6-30 所示。

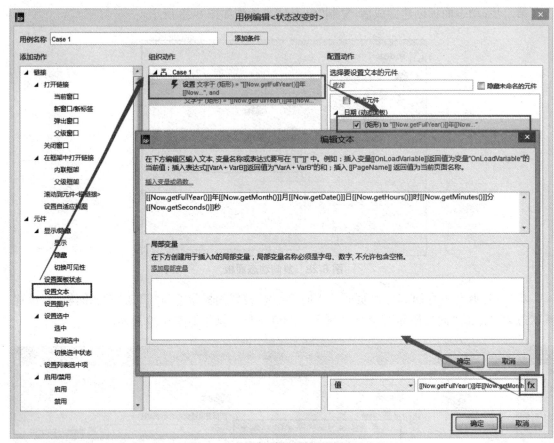

图 6-30　添加时间函数

插入的变量为"[[Now.getFullYear()]] 年 [[Now.getMonth()]] 月 [[Now.getDate()]] 日 [[Now.getHours()]] 时 [[Now.getMinutes()]] 分 [[Now.getSeconds()]] 秒",选中另一个矩形,添加相同的变量。

第五步:点击"预览",显示当前时间的动态数字时钟效果。效果如图 6-31 所示。

| **2018年3月12日18时32分13秒** | **2018年3月12日18时32分25秒** |

图 6-31　数字时钟效果

在了解全局变量及函数的使用方法后,本任务利用所学技能点实现雅虎天气的原型设计。

第一步:在画布中用元件设计一个手机的模板,在手机屏幕中"添加一个"动态面板,将其命名为"外框",之后所有的设计都在"外框"面板中完成。页面布局如图 6-32 所示。

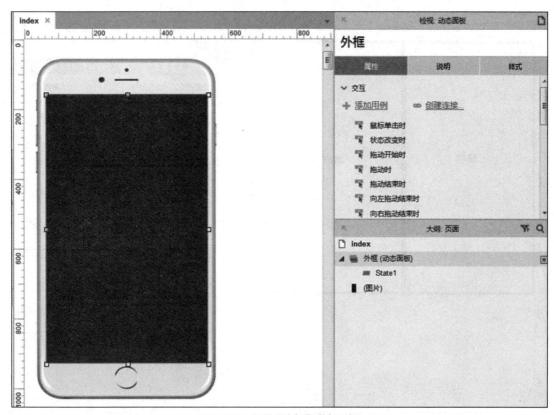

图 6-32　添加"外框"动态面板

第二步：在"外框"动态面板的"State1"中添加两个动态面板,分别命名为"北京"和"纽约",界面中左侧为"纽约"面板,右侧为"北京"面板。界面布局如图 6-33 所示。

第三步：分别在"纽约"与"北京"动态面板的"State1"中添加背景图片,使用元件添加相关信息。效果如图 6-34 所示。

调整北京图片位置 x=-500,使动态面板中显示图片主要信息。如图 6-35 所示。

第四步：返回"外框"动态面板界面,双击"拖动时"用例,将用例命名为"水平拖动",添加"移动"动作为"水平拖动",使"纽约"和"北京"动态面板可水平拖动。操作如图 6-36 和图 6-37 所示。

第五步：为水平拖动添加一个回滚的效果,拖动结束后可回到初始位置。在"外框"动态面板中双击"拖动结束时"用例,将用例命名为"水平拖动回滚"。移动"纽约"和"北京"面板回到初始位置,移动方式为"到达",添加摇摆的动画效果。由于移动了北京图片的位置,拖动结束时,将"北京"图片的 x 值设为 -450,返回初始的位置,如图 6-38 所示。

第六步：实现回滚效果后,添加一个视差移动效果,在移动动态面板时,使图片以 1/2 的速度反方向移动,移动方式为"经过",如图 6-39 所示。

点击 fx 按钮,在弹出的"编辑值"对话框中选择"插入变量或函数",选择鼠标指针中的 DragX 函数（DragX 表示横向拖拽的距离）,编辑变量值为 [[DragX*(-1/2)]]。编辑后用例如图 6-40 所示。

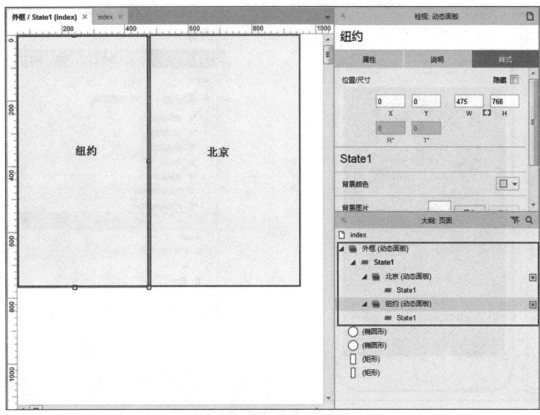

图 6-33　添加"纽约"和"北京"动态面板

图 6-34　纽约面板信息

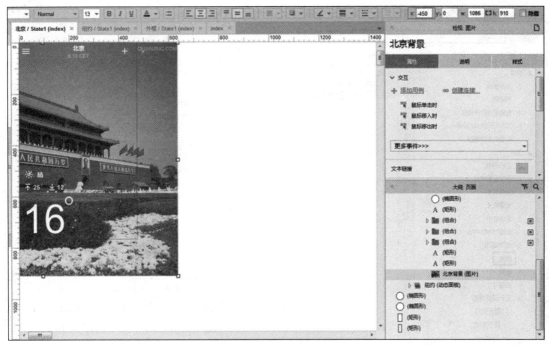

图 6-35 北京面板信息

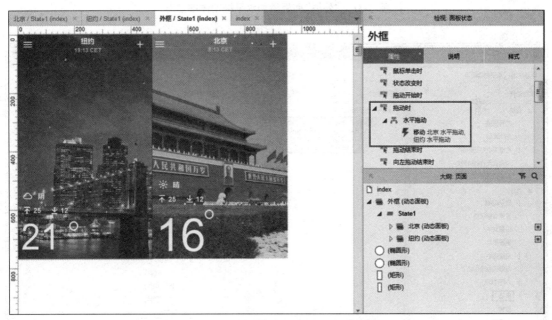

图 6-36 "外框"面板添加水平拖动事件

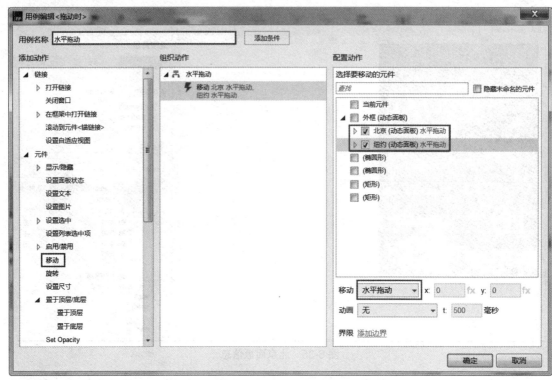

图 6-37　"外框"面板添加水平拖动详细信息

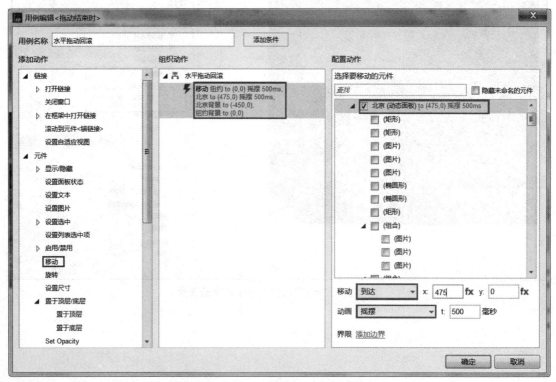

图 6-38　为水平拖动添加回滚效果

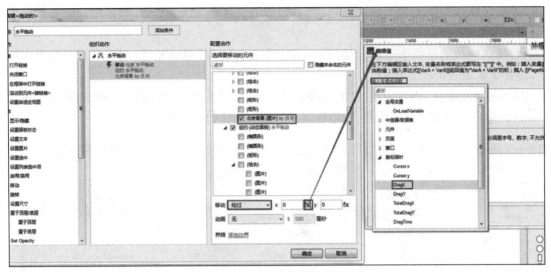

图 6-39 添加"视差"效果

图 6-40 编辑后用例

第七步：为了区别水平拖动与垂直拖动，需要在"拖动开始时"用例中添加判定条件，选择设置变量值，点击添加全局变量，在全局变量对话框中，添加一个变量命名为 direction，如图 6-41 所示。

图 6-41 添加 direction 变量

若横向拖拽的距离大于纵向拖拽的距离，即 DragX 值 >DragY 值，判定用户想要横向移动，设置变量 direction 值为横。

若横向拖拽的距离小于纵向拖拽的距离，即 DragY 值 >DragX 值，判定用户想要纵向移动，设置变量 direction 值为纵。

在"拖动开始时"事件中选择"添加条件"按钮，设置条件为"DragX 值 >DragY 值"，由于"DragX 值 >DragY 值"可能为负，所以取其平方值。操作如图 6-42 所示。

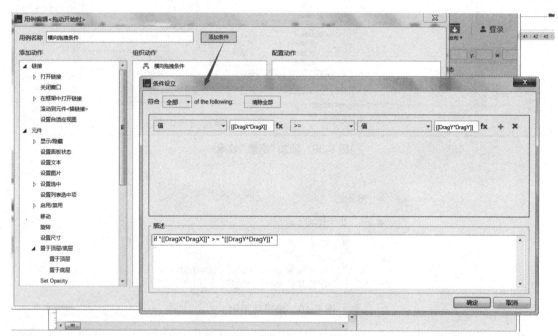

图 6-42　添加拖动判定条件

添加条件后，设置变量值 direction 值为"横"，如图 6-43 所示。

双击"拖动开始时"用例，设置变量值 direction 为纵，设置如图 6-44 所示。

第八步：拖拽条件设置好后，为"水平拖拽"用例添加条件"if 值于 direction == " 横 ""，如图 6-45 所示。

第九步：使用元件库中元件，设计纽约天气详情界面。界面如图 6-46 所示。

将设计好的天气详情模块与图片上的气温信息转化为动态面板，并命名为"纽约天气信息"，如图 6-47 所示。

第十步：在"外框"动态面板，设计垂直拖拽效果，设置条件"if 值于 direction == " 纵 ""，设置"纽约天气信息"面板的移动方式为垂直拖动，如图 6-48 所示。

点击"预览"，效果如图 6-49 至 6-51 所示。

图 6-43 设置 direction 值为"横"

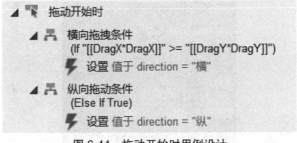

图 6-44 拖动开始时用例设计

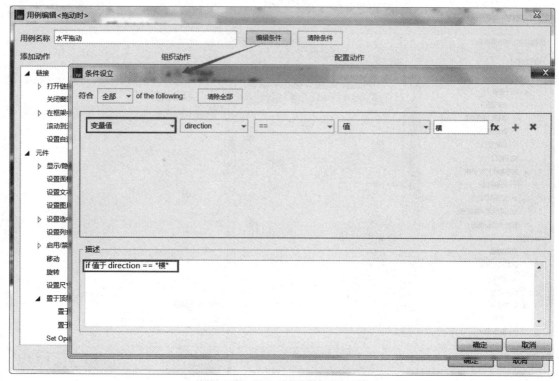

图 6-45　为水平拖动添加条件

图 6-46　建立"纽约天气信息"模块

图 6-47 创建"纽约天气信息"面板

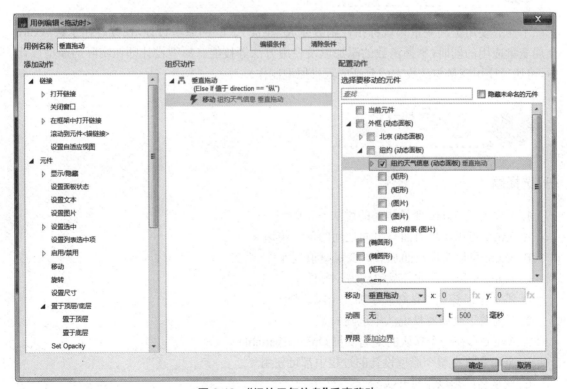

图 6-48 "纽约天气信息"垂直移动

图 6-49　初始页面

图 6-50　纵向拖拽

图 6-51　横向拖拽

本任务使用全局变量和鼠标指针函数完成"雅虎天气"的原型设计,使读者在了解 Axure 全局变量应用的同时,掌握函数的添加以及使用方法等技能。原型设计师在实际的原型设计中,可通过使用变量与函数完成复杂的项目原型制作。

一、选择题

1. 下列关于 Axure 变量传递的说法不正确的是(　　)。

A. Axure 可以实现页面与页面之间的变量传递

B. Axure 可以实现页面加载时变量赋值到元件

C. Axure 可以实现元件赋值到另一元件

D. 添加全局变量时是必须添加一个默认值

2. 下列关于全局变量说法不正确的是(　　)。

A. Axure 存在一个默认的全局变量 OnLoadVariable

B. 全局变量在整个原型设计的过程中都可使用

C. 变量名必须以字母开头

D. 全局变量在使用过程中不可被修改

3. 下列关于局部变量描述正确的是( )。

A. 局部变量作用范围为一个用例

B. 局部变量作用范围为一个用例中的一个事务

C. 局部变量作用范围大于全局变量

D. 局部变量无法充当事务中的赋值载体

4. 下列不属于鼠标指针函数的是( )。

A. CursorY   B. Window.scrollX

C. TotalDragX   D. DragTime

5. 下列不是 Axure 函数分类的是( )。

A. 窗口函数   B. 日期函数

C. 二次函数   D. 数学函数

二、操作题

根据本项目所学的变量等知识,完成"QQ 登录"的原型设计,实现输入正确的帐号密码跳转至登录成功界面;输入错误跳转至登录失败界面。界面效果参照图 6-52 和图 6-54。

图 6-52 登录界面

图 6-53　登录成功界面

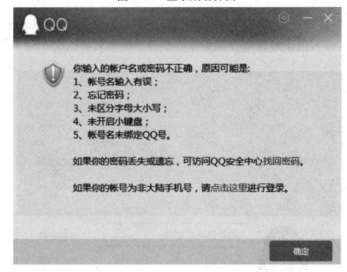

图 6-53　登录失败界面

项目七 "微信公众号自动回复"原型设计

通过实现"微信公众号自动回复"的原型设计,学习 Axure 中继器的相关知识。了解 Axure 中继器的原理和中继器的数据集,熟悉中继器函数的属性,掌握如何使用中继器来显示数据。在任务实现的过程中,

● 了解 Axure 中继器的操作。
● 熟悉中继器动作和数据集动作。
● 掌握中继器中"每项加载时"用例的使用。
● 具有使用中继器完成数据操作的能力。

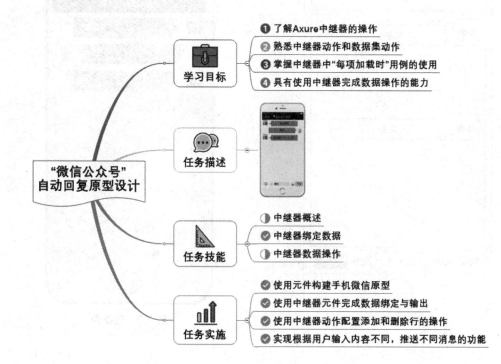

【情境导入】

在微信中可关注各种公众号,了解不同领域的知识,获取各种资源。大部分公众号都可根据用户输入的不同指定文字推送不同的内容。本次任务主要是通过使用 Axure 的中继器元件,实现"微信公众号自动回复"原型设计中的自动回复功能。

【功能描述】

本任务主要实现"微信公众号自动回复"的原型设计,页面内默认显示微信公众号聊天界面。在下方输入框中输入文字,点击发送按钮,原型会根据用户输入内容不同,推送不同消息。具体功能实现如下:

- 使用元件库构建手机微信原型。
- 使用中继器元件完成数据绑定与输出。
- 使用中继器动作配置添加和删除行的操作。
- 实现根据用户输入内容不同,推送不同消息的功能。

【基本框架】

基本框架如图 7-1 所示。"微信公众号自动回复"原型最终实现效果如图 7-2 所示。

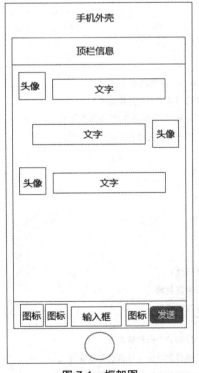

图 7-1　框架图

图 7-2　效果图

技能点一　中继器概述

1. 中继器简介

中继器元件是一款高级元件,它是目前 Axure 中最复杂的元件。中继器的本质是存放数据集的容器。中继器最大的作用就是绑定和操作数据,所以其经常用来显示商品列表信息、联系人信息、用户信息等。

在 Axure 中,创建中继器只需在左侧的工具栏中选择"中继器"元件,将其拖动至右侧的画布中即可。默认显示的中继器是一个一列三行的表格,如图 7-3 所示。

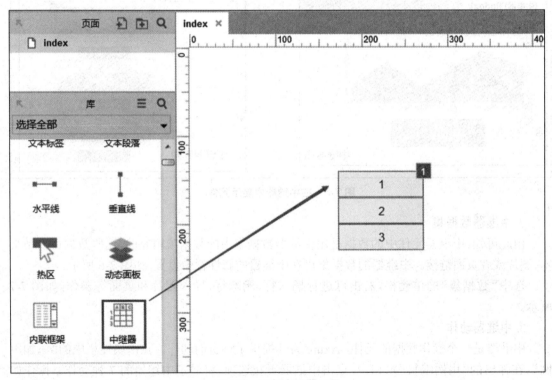

图 7-3　添加中继器工具

双击画布中的"中继器",进入中继器面板,该页面显示的是一个单元格,这个单元格就是中继器的项,如图 7-4 所示。

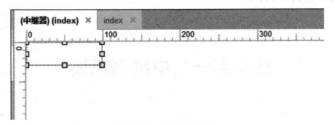

图 7-4　中继器界面

在中继器项中,填充的内容会在中继器中循环显示,若改变中继器项的内容,画布上的中继器内容也会相应发生改变。在中继器项中添加一个"图片"元件和一个"主要按钮"元件,页面中继器内容也会发生变化。效果如图 7-5 所示。

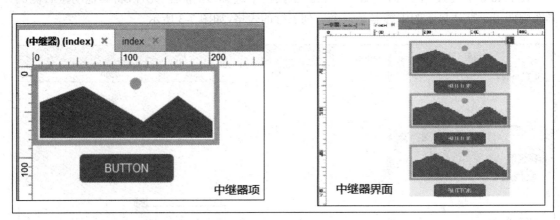

图 7-5　在中继器中显示元件

2. 中继器数据集

由此可知,中继器元件中的数据是由中继器数据集中的数据项填充的,这些数据可以是文本、图片或者页面链接。中继器的数据集可在中继器的属性栏中设置,如图 7-6 所示。

选中"数据集"的单元格,右击可进行插入行、删除行、导入图片和页面等操作,如图 7-7 所示。

3. 中继器动作

中继器是一个操作数据的元件,Axure 为其提供了特有的动作。点击属性栏中的"添加用例",在弹出的"用例编辑"窗口中,点击中继器下拉选项,将显示中继器的 7 种动作。操作如图 7-8 所示。

中继器中各个动作的含义如表 7-1 所示。

在中继器动作中,"数据集"设置中包含对中继器数据集进行操作的动作,如图 7-9 所示。

数据集中各个动作的含义如表 7-2 所示。

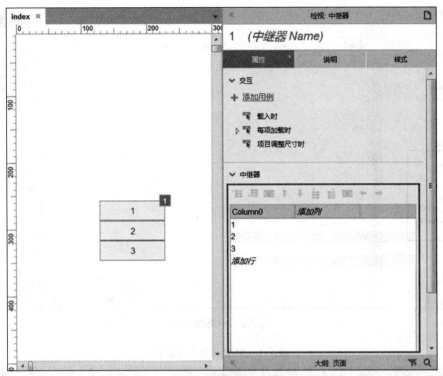

图 7-6 中继器数据集

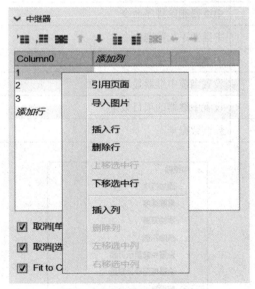

图 7-7 数据集中添加数据

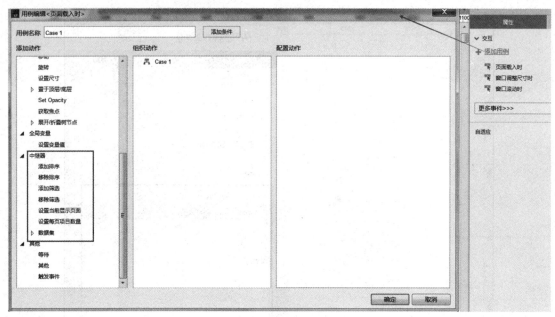

图 7-8　中继器动作

表 7-1　中继器中动作含义

动作	含义
添加排序	中继器增加排序命令
移除排序	中继器删除排序命令
添加筛选	中继器添加筛选命令
移除筛选	中继器删除筛选命令
设置当前显示页面	设置当前中继器显示的界面
设置每页项目数量	设置中继器的项目数量
数据集	控制数据集

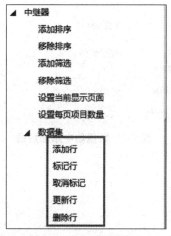

图 7-9　"数据集"动作

表 7-2 数据集中动作含义

动作	含义
添加行	为中继器的数据集添加行
标记行	为中继器的数据集标记行
取消标记	为中继器的数据集取消标记行
更新行	为中继器的数据集更新行
删除行	为中继器的数据集删除行

4. 中继器函数

中继器 / 数据集函数的介绍如表 7-3 所示。

表 7-3 中继器 / 数据集函数

函数名称	说明
Reoeater	获得当前项目中继器
VisibleItemCount	获取中继器项目列表中可见项的数量
ItemCount	获取中继器项目列表的总数量
DataCount	获取中继器数据集中数据行的总数量
PageCount	获取中继器分页的总数量
Pageindex	获取中继器项目列表当前显示的页码

技能点二 中继器绑定数据

中继器的本质是存放数据的容器,若想将这个容器中的数据显示在界面上,就要使用到中继器绑定数据的功能。接下来通过"显示员工信息列表"的案例,介绍中继器绑定数据的相关知识。具体操作如下。

第一步:创建一个"表格"元件,设置其颜色样式。表格信息如图 7-10 所示。

图 7-10 添加表格

第二步:在表格下方,创建一个"中继器",并命名为"员工信息"。双击中继器,进入中继器项,创建四个"矩形"元件,分别命名为"单元格 1""单元格 2""单元格 3"和"单元格 4"。矩形的位置和大小设置如图 7-11 所示。

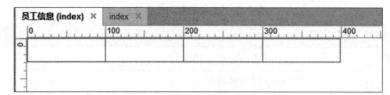

图 7-11　添加矩形

界面效果如图 7-12 所示。

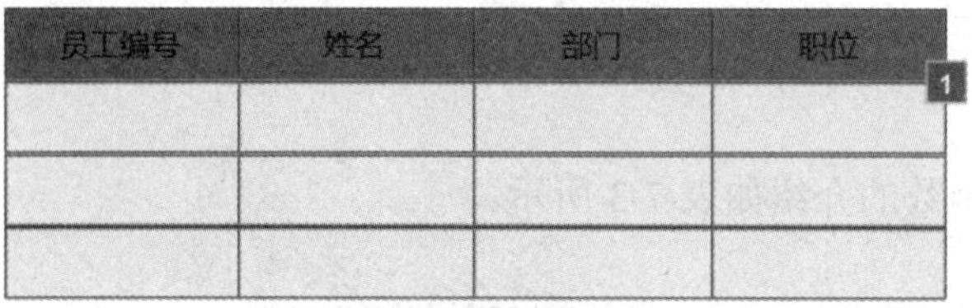

员工编号	姓名	部门	职位

图 7-12　界面效果

在"员工信息"中继器中，再添加三列数据，将四列数据分别命名为"number""name""de-partment"和"job"。操作如图 7-13 所示。

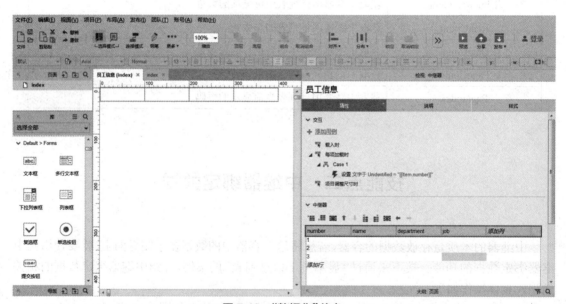

图 7-13　"数据集"信息

添加完成后,向数据集中填充数据,即中继器需要绑定的数据,如图 7-14 所示。

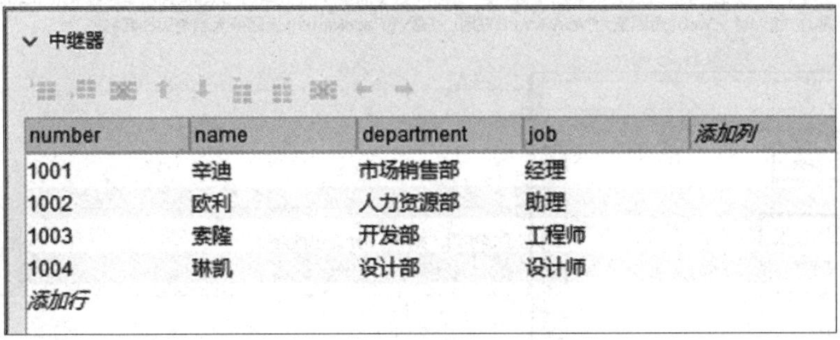

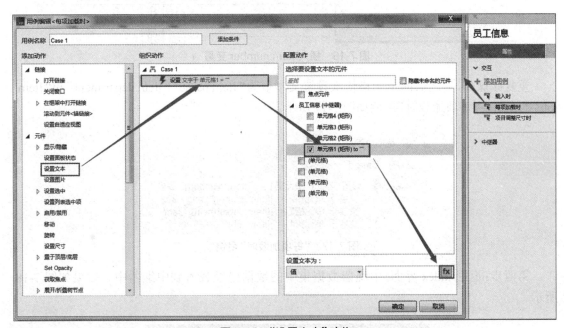

图 7-14 向"数据集"中添加数据

第三步:使用中继器绑定显示数据。选中"员工信息"中继器,双击"每项加载时"用例,选择"设置文本",单击"员工信息"中的"单元格 1"。操作如图 7-15 所示。

图 7-15 "设置文本"动作

点击右下角的"fx"按钮,在弹出的"编辑文本"对话框中,点击"插入函数或变量"选项,选择中继器 / 数据集中的"Item.number"变量。操作如图 7-16 所示。

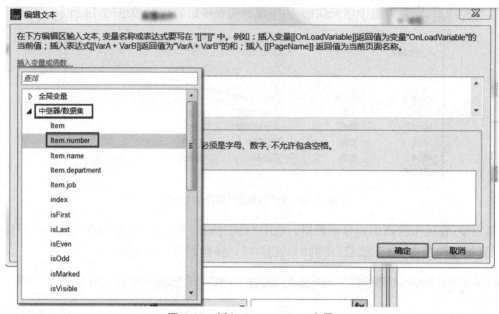

图 7-16　插入 Item.number 变量

重复此操作,为之后的单元格依次设置文本值为"Item.name""Item.department"和"Item.job"的变量。"每项加载时"用例如图 7-17 所示。

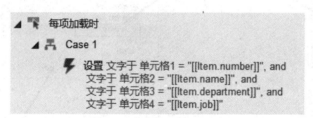

图 7-17　"每项加载时"用例

第四步:返回 index 界面,中继器数据集中的数据已经载入到中继器中。效果如图 7-18 所示。

员工编号	姓名	部门	职位
1001	辛迪	市场销售部	经理
1002	欧利	人力资源部	助理
1003	索隆	开发部	工程师
1004	琳凯	设计部	设计师

图 7-18　中继器显示数据

技能点三 中继器数据操作

中继器数据操作是指通过不同的动作指令,对中继器数据进行增加、删除、修改、排序和筛选等操作。若将中继器比作数据库,中继器动作就是数据库操作的"SQL 语句"。

在"中继器绑定数据"项目的基础上,添加两项功能:添加数据和删除数据。通过实现数据添加和删除功能,了解中继器如何进行数据操作。首先在画布中添加两个"主要按钮",分别命名为"添加"和"删除选中"。界面示意图如图 7-19 所示。

图 7-19　添加按钮

1. 添加数据

第一步:在画布中创建四个"文本框"元件和四个"文本标签"元件,完成添加数据所需的输入项的设计,将"文本框"和"文本标签"元件分别命名为"编号""姓名""部门"和"职位"。界面如图 7-20 所示。

图 7-20　添加元件

　　第二步：选中"添加"按钮，双击"鼠标单击时"用例。选择数据集中的"添加行"动作，勾选"员工信息"中继器，点击下方的"添加行"按钮。操作如图 7-21 所示。

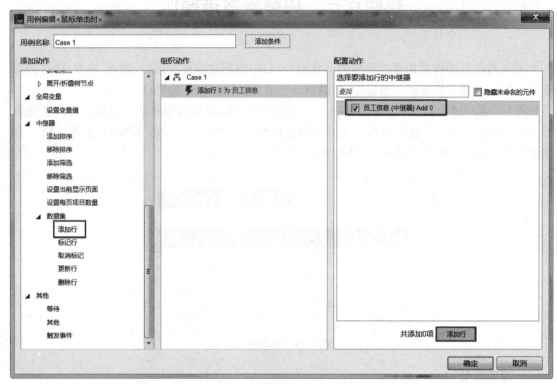

图 7-21　"鼠标单击时"用例

　　在弹出的"添加行到中继器"对话框中点击"number"列下方的 fx 按钮。操作如图 7-22 所示。

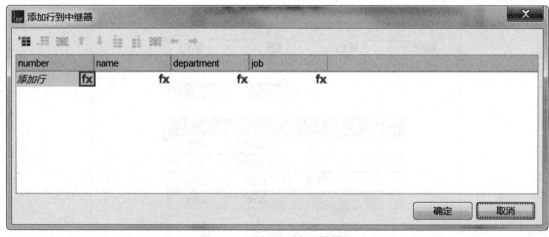

图 7-22　添加行到中继器界面

　　在弹出的"编辑值"对话框中添加一个局部变量，将其命名为"number"，选择"元件文字"选项，选择名为"编号"的文本框元件。操作如图 7-23 所示。

　　点击"插入变量或函数"，选择"局部变量"中的"number"变量，如图 7-24 所示。

图 7-23　添加局部变量

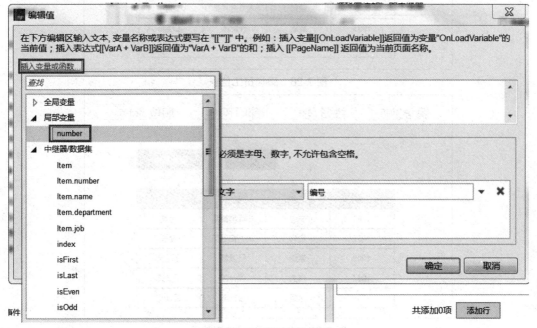

图 7-24　插入局部变量

第三步：按照第二步依次添加"name""department"和"job"局部变量。效果如图 7-25 所示。

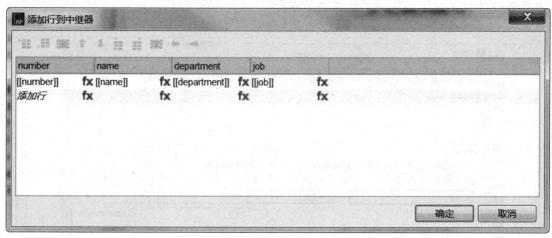

图 7-25　添加后效果

第四步：点击"预览"，在文本框中依次添加数据，点击"添加"按钮，界面效果如图 7-26 和图 7-27 所示。

图 7-26　添加员工信息

图 7-27　点击"添加"按钮效果

2.删除数据

第一步:双击"员工信息"中继器,选中四个矩形。点击鼠标右键,选择组合选项,将这四个矩形转化为一个组合,并命名为"数据组合"。此外,必须要添加一个"选项组名称",设置选中颜色为"#00FF99"。操作如图 7-28 所示。

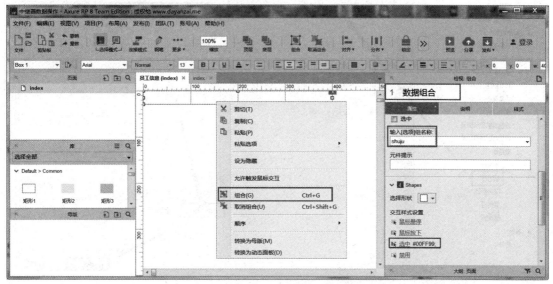

图 7-28 转换为组合并添加选项组名称

选中"数据组合",双击"鼠标点击时"用例。设置当"数据组合"选中状态为 true 时,标记中继器中对应的行。操作如图 7-29 所示。

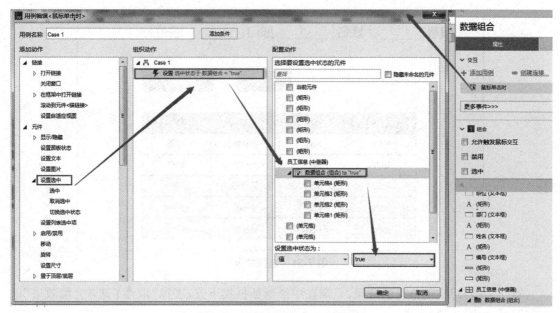

图 7-29 添加"鼠标点击时"事件

第二步:点击数据集动作中的"标记行",选择"员工信息"中继器,如图 7-30 所示。

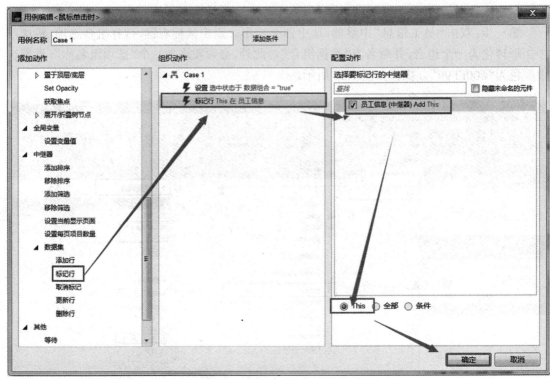

图 7-30　设置"鼠标点击时"事件

　　点击"预览",点击表格中数据后会发现鼠标执行的选中操作是无法撤回的。效果如图 7-31 所示。

编号		姓名		部门		职位	

添加　　删除选中

员工编号	姓名	部门	职位
1001	辛迪	市场销售部	经理
1002	欧利	人力资源部	助理
1003	索隆	开发部	工程师
1004	琳凯	设计部	设计师
1005	达姬	设计部	设计师

图 7-31　选择效果

　　第三步:若想实现单选的效果,只需在中继器数据集下方,去掉"取消 [选项] 组效果"的勾选即可,如图 7-32 所示。

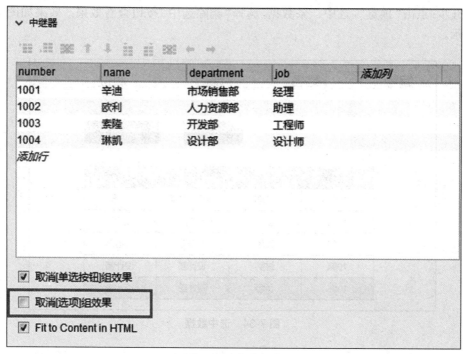

图 7-32 去除勾选

第四步：选中"删除选中"按钮，双击"鼠标点击时"用例，选择"数据集"中的"删除行"动作，选中"员工信息"中继器，点击下方的"已标记"单选框，如图 7-33 所示。

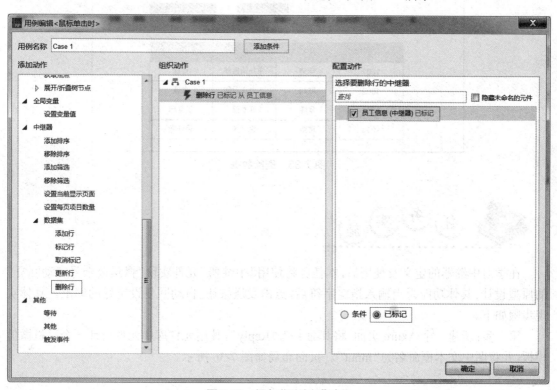

图 7-33 添加"删除行"动作

第五步：点击"预览"，选中一条数据，选择"删除选中"按钮查看效果。效果如图 7-34 和 7-35 所示。

图 7-34　选中数据

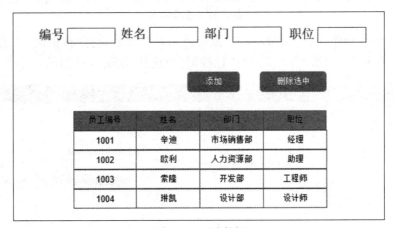

图 7-35　删除数据

在学习中继器的定义及使用后，本任务将使用"中继器"元件实现"微信公众号自动回复"的原型设计，具体功能为当输入指定字符后，点击发送按钮，自动回复设定好的词汇。具体实现步骤如下。

第一步：新建一个 Axure 页面，将其命名为"Reply"，使用元件库中元件设计一个手机微信模板，并将图中文本框命名为"input"。页面布局如图 7-36 所示。

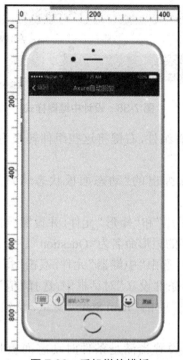

图 7-36　手机微信模板

　　第二步：创建一个"中继器"元件并将其命名为"显示界面"，对中继器数据集进行修改，第一列命名为"State"，第二列命为为"Text"。操作如图 7-37 所示。

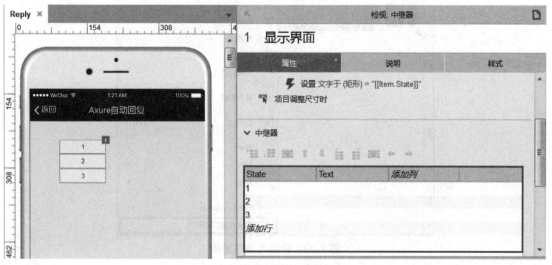

图 7-37　修改中继器数据集

　　双击"中继器"元件，进入中继器界面，在中继器中添加图片、形状和一个"矩形"元件，并设置颜色样式，将其设计成微信对话框的形式，并将其中的"矩形"元件命名为"Answer"，如图 7-38 所示。

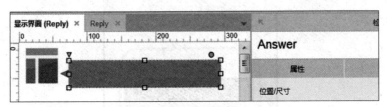

图 7-38　设计中继器样式

第三步：选中中继器中所有组件，右键将这些组件转换为动态面板，并将其命名为"Panel"，如图 7-39 所示。

双击"Panel"动态面板，在弹出的"动态面板状态管理"对话框中添加一个面板状态"State2"。操作如图 7-40 所示。

在状态"State2"中添加"图片"和"矩形"元件，并设置颜色样式，同样将其设计成微信对话框的形式，将其中的显示文字的矩形命名为"Question"。操作如图 7-41 所示。

第四步：返回"Reply"页面，选中"中继器"元件，双击"每项加载时"用例，设置条件为"if "[[Item.State]]" == "one""。在"条件设立"对话框中，选择"值"，点击"fx"按钮，在编辑文本对话框中插入"中继器 / 数据集"中的"Item.State"变量，设置值等于"one"。操作如图 7-42 所示。

在"每项加载时"用例中，设置当满足条件时动态面板状态为"State1"，文本值为"Answer"矩形，值为插入的中继器变量"Item.Text"。操作如图 7-43 和图 7-44 所示。

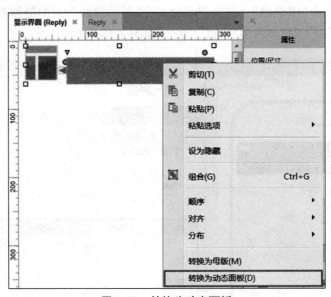

图 7-39　转换为动态面板

图 7-40 添加面板状态"State2"

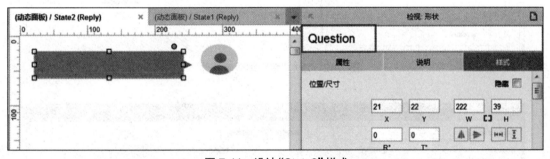

图 7-41 设计"State2"样式

图 7-42 添加"每项加载时条件"

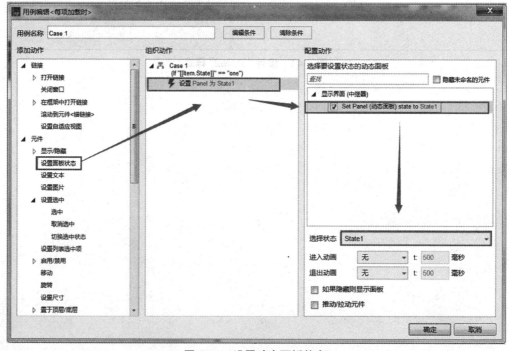

图 7-43 设置动态面板状态

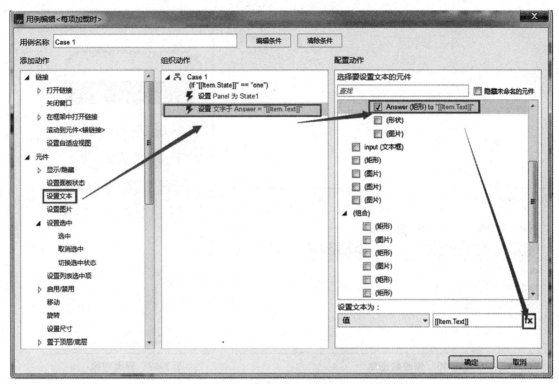

图 7-44　设置文字值

第五步：重复上述步骤，再次双击"每项加载时"用例。设置条件为"if "[[Item.State]]" == "two""。当满足条件时，设置面板状态为"State2"，文本值为"Question"矩形，值为插入的中继器变量"Item.Text"。效果如图 7-45 所示。

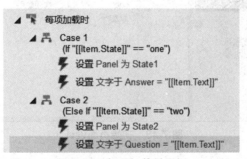

图 7-45　每项加载时用例

在中继器的数据集中添加如图 7-46 所示数据。

当 State 的值为"one"时，显示第一个动态面板；当 State 值为"two"时，显示第二个动态面板。界面如图 7-47 所示。

删除数据集中第 2 和第 3 条数据，只保留一条数据，并其 Text 值设置为"欢迎使用"。操作如图 7-48 所示。

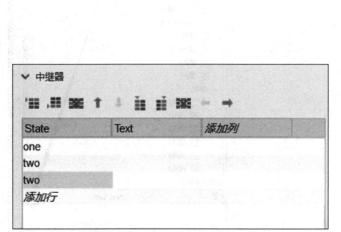

图 7-46　修改数据集

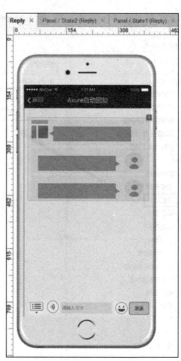

图 7-47　界面效果

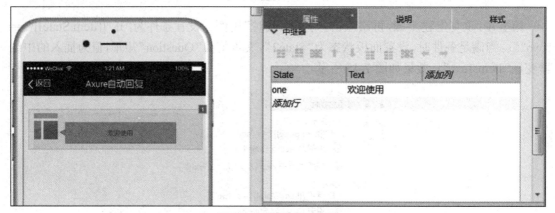

图 7-48　初始页面设计

第六步：设计输入动作，最终实现当输入指定字符后，点击发送按钮，自动回复设定好的词汇。当输入"提示"时，自动回复"请回复 A、B、C、D。"；当输入"A"时，自动回复"Axure RP 是一个专业的快速原型设计工具。"；当输入"B"时，自动回复"自动回复功能由中继器元件实现。"；当输入"C"时，自动回复"中继器的本质是一个存放数据集的容器。"；当输入"D"时，自动回复"了解更多，请咨询 XXX-XXXX-XXXX。"；输入其他字符时，自动回复"无法回复该问题。"。

选中"发送"按钮，双击"鼠标点击时"用例，点击"添加条件"，选择元件文字为"input"，值为"提示"。设置条件"if 文字于 input == " 提示 ""。操作如图 7-49 所示。

添加条件后，选择"中继器"动作数据集中的"添加行"，选择"显示界面"中继器，点击右下方的"添加行"按钮。操作如图 7-50 所示。

图 7-49 添加条件

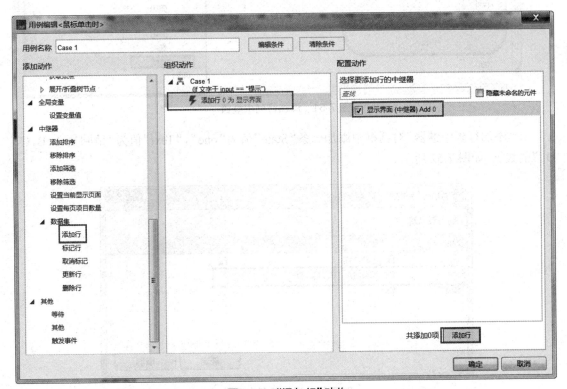

图 7-50 "添加行"动作

在"添加行到中继器"对话框中添加一条"State"值为"two","Text"值为插入的局部变量"[[LVAR1]]"的数据，局部变量值为"input"文本框中的文本值。具体操作如图 7-51 所示。

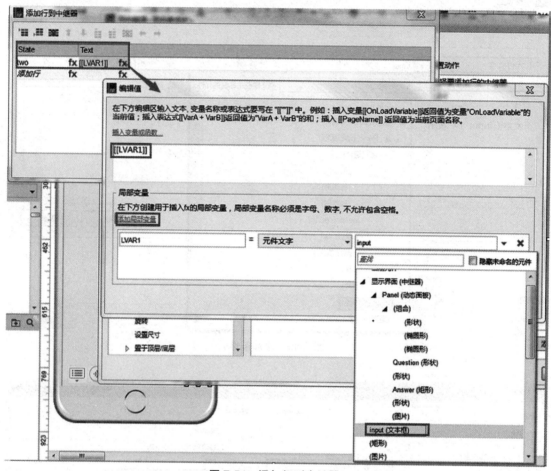

图 7-51 添加行到中继器

在"添加行到中继器"对话框中添加一条"State"值为"one"，"Text"值为"请回复 A、B、C、D。"的数据，如图 7-52 所示。

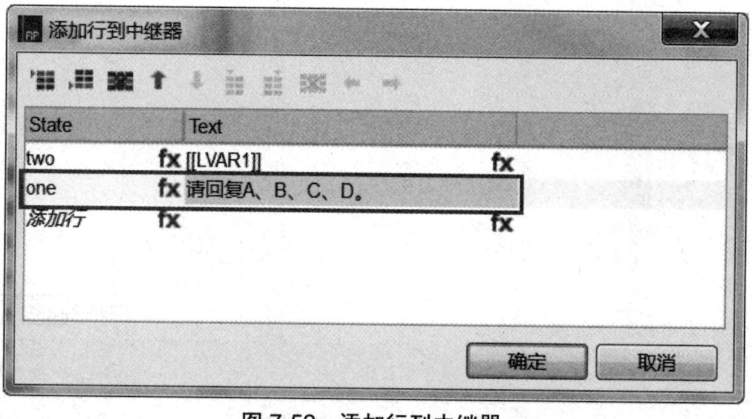

图 7-52 添加行到中继器

第七步：按照上述方式添加其他回复内容。当输入值为"A""B""C""D"或其他内容时，输出对应内容。添加完成后的用例如图 7-53 所示。

第八步：点击"预览"，在文本框中输入指定文字后，点击"发送"按钮，查看输出效果。效果如图 7-54 所示。

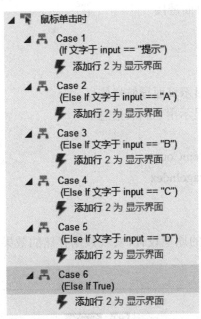

图 7-53 "鼠标点击时"用例

图 7-54 微信公众号回复原型效果

本任务使用 Axure 中继器实现"微信公众号自动回复"的原型设计，在介绍中继器作用的同时，使读者掌握使用中继器完成数据显示、数据操作的方法。鼓励设计师在原型设计中能够使用中继器来完成对数据操作的设计，使原型设计更加丰满，更加贴近实际效果。

一、选择题

1. 下列关于中继器说法正确的是（　　）。

A. 中继器可直接在元件上填写文字

B. 中继器元件默认是一个一行二列的表格

C. 中继器必须通过数据集操作数据

D. 中继器数据集只能添加文本

2. 下列不属于中继器动作的是（　　　）。

A. 添加排序　　　　　　　　　　　B. 设置图片

C. 移除排序　　　　　　　　　　　D. 设置当前页面

3. 下列关于中继器数据集说法不正确的是（　　　）。

A. 中继器数据集位于中继器属性中

B. 中继器数据集中数据可以是文本、图片或者页面链接

C. 中继器数据集默认为一列三行

D. 中继器数据集动作不属于中继器动作

4. 下列中继器使用不正确的是（　　　）。

A. 显示商品列表信息　　　　　　　B. 显示页面导航栏信息

C. 显示联系人列表信息　　　　　　D. 显示用户列表信息

5. 下列不属于中继器函数的是（　　　）。

A. length　　　　　　　　　　　　B. ItemCount

C. PageCount　　　　　　　　　　D. PageIndex

二、操作题

根据本项目所学的中继器知识，完成"当当网"的原型设计，实现数据存储的效果。界面效果可参照图 7-55。

图 7-55　当当网界面

项目八 项目原型的输出与发布

通过实现项目原型输出与发布,学习 Axure 分享原型的相关知识。了解项目原型输出的方法,熟悉原型发布的流程,掌握原型工具的操作方法,以及 HTML 生成器的使用。在任务实现的过程中,

● 了解原型预览。
● 熟悉原型发布。
● 掌握原型设计工具生成器的使用。
● 具有独立进行原型输出与发布的能力。

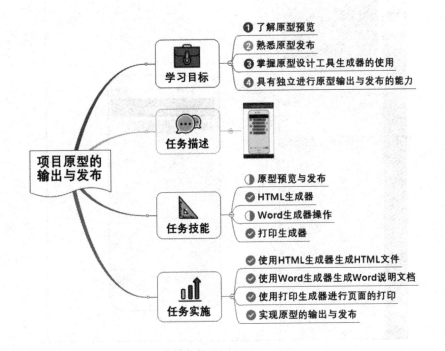

【情境导入】

为了让需求方更加直观地感受产品的效果,设计师往往会将产品制作成高保真原型,以供需求方体验。本项目技能点以"加载示意组件"的预览与发布为例进行讲解。本次任务主要是实现"微信公众号自动回复"原型的输出与发布,生成 HTML 页面和 Word 说明文档,完成原型项目的输出并生成链接地址,以便客户能够随时随地地在线预览。

【功能描述】

本任务主要完成原型项目的输出与发布,在指定的文件夹下生成 HTML 页面和 Word 说明文档。原型设计发布后,会生成一个链接地址,可在链接下方选择是否勾选"无站点地图"。具体功能实现如下:

- 使用 HTML 生成器生成 HTML 文件。
- 使用 Word 生成器生成 Word 说明文档。
- 使用打印生成器进行页面的打印。
- 实现原型的输出与发布。

【基本框架】

基本框架分为三种:生成 HTML 文件,生成 Word 文档,以及发布到 AxShare。通过本次任务的学习,最终实现效果如图 8-1 至图 8-4 所示:

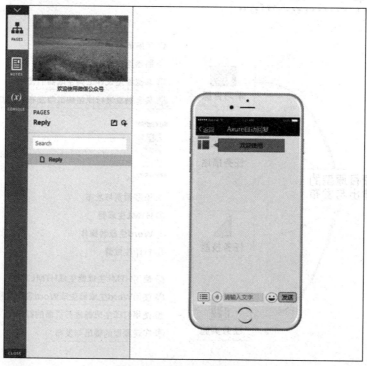

图 8-1　HTML 生成效果图

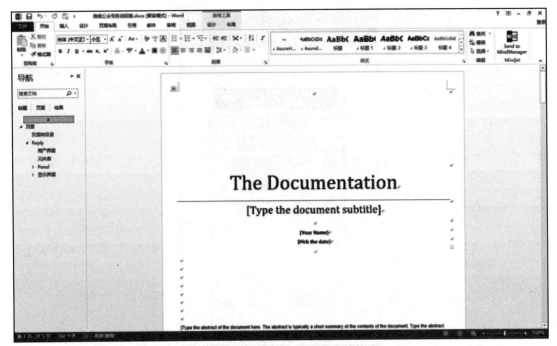

图 8-2　Word 生成效果图

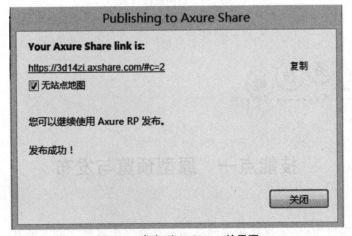

图 8-3　发布到 AxShare 效果图

复制此链接,在手机端进行访问。效果如图 8-4 所示。

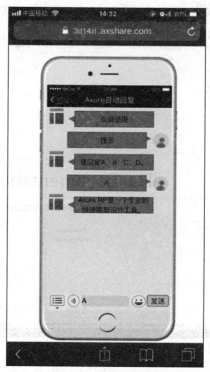

图 8-4   访问链接效果

技能点一   原型预览与发布

在项目开发过程中,原型设计是提高产品开发效率不可缺少的一部分。Axure 作为原型设计中最常用的工具,不仅预览功能十分完善,还能进行原型发布,并生成地址链接供需求方查验原型效果。

1. 原型预览

设计师在使用 Axure 制作原型时,常常会通过预览来查看原型的尺寸、配色等问题,以便及时修改。原型预览有以下两种实现方式。

第一种:在 Axure 软件界面的工具栏中,点击"预览",选择浏览器即可在浏览器中预览其效果。操作示意图如图 8-5 所示。

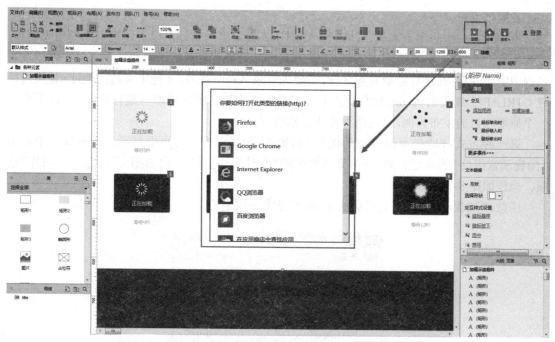

图 8-5　预览操作示意图 1

第二种:在菜单栏中单击"发布",选择"预览",选择浏览器即可在浏览器中预览其效果。操作如图 8-6 所示。

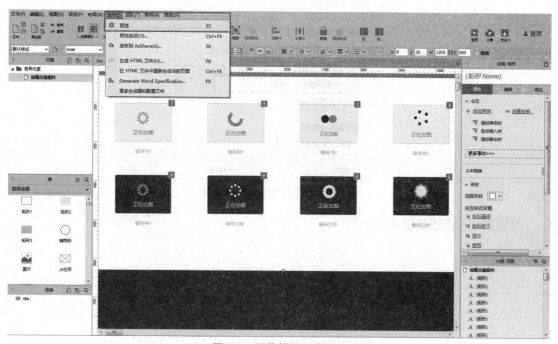

图 8-6　预览操作示意图 2

2. 原型发布

原型预览一般应用于本机，或者近距离演示。而原型发布则可以通过把页面导出为图片，或者生成一个链接，分享给需求方，让需求方对产品效果有直观的了解和认识。但在原型发布过程中需要注意：在进行原型发布之前，需要先登录 Axure 账号，才能生成链接地址（使用快捷键 CTRL+F12 或点击 Axure 软件界面右上角的"登录"，注册账号即可进行登录）。接下来以一个原型项目的发布为例，对这两种方式分别进行介绍。

第一种方式：以"把页面导出为图片"的形式，对需求方进行页面展示。准备好一个名为"加载示意组件"的原型界面，点击菜单栏中的"文件"。选择"导出 加载示意组件 为图片"选项。操作如图 8-7 所示。

注意："加载示意组件"是页面的名称，不是唯一固定的。

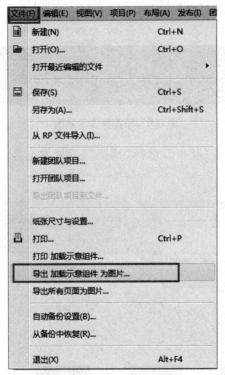

图 8-7　导出页面为图片示意图

导出图片示意图如图 8-8 所示。

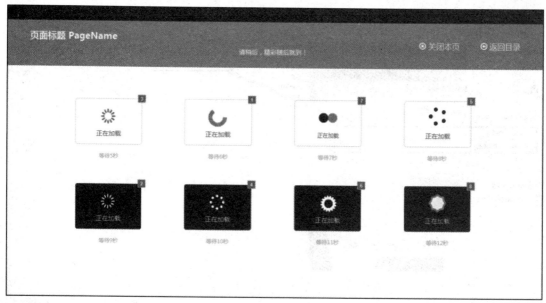

图 8-8　导出图片示意图

导出后发现，采取导出页面为图片的方式呈现的效果只适用于模块排版、文本编辑等静态页面，而页面中的某些动态效果无法以图片的形式体现出来，无法还原原型的效果。

第二种方式：以"生成一个链接"的形式来分享原型设计，使客户可以在 PC 端以及移动端方便快捷地预览原型效果。在"加载示意组件"的原型界面，点击"发布"，选择"发布到 Ax-Share"选项，弹出"发布到 Axure Share"对话框。点击"编辑"，选择发布的页面。操作如图 8-9 和图 8-10 所示。

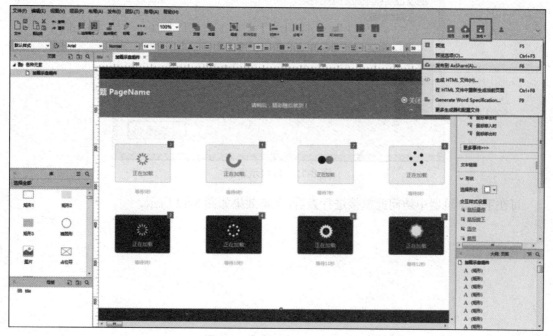

图 8-9　发布到 Axure Share

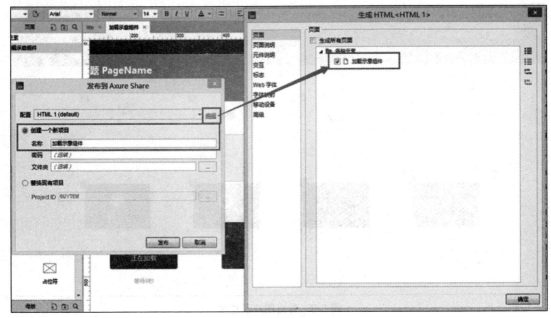

图 8-10　选择要发布的页面

点击"发布"会自动生成 HTML 文件，并上传至 Axure Share 原型分享平台的服务器中，生成一个地址链接，需求方访问该链接即可预览原型。效果如图 8-11 所示。

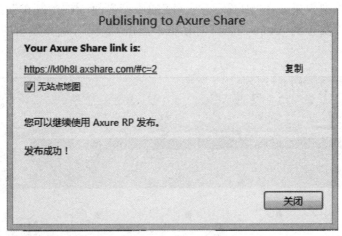

图 8-11　链接示意图

可在手机浏览器中访问此链接进行查看，预览效果如图 8-12 所示。

图 8-12　手机预览效果

技能点二　HTML 生成器

Axure 提供的 HTML 生成器,可以生成两种原型:一种是清晰整齐,不带说明的 HTML 原型;一种是对原型界面上的所有元素进行描述,附有说明的 HTML 原型。当设计师在进行相关原型设计讨论时,可以同时使用这两种原型。

一般项目较大时,可以只生成需要显示的内容页面,以提高原型生成的速度。打开原型界面,点击"发布",选择"生成 HTML 文件"选项,弹出"生成 HTML<HTML>"对话框,在对话框中设置常用的功能。生成 HTML 文件时常用的功能如下。

(1)常规

在常规选项中可以指定 HTML 生成的路径,并选择默认的浏览器。在桌面创建名为"加载示意组件"的文件夹,作为选择生成的路径。操作如图 8-13 所示。

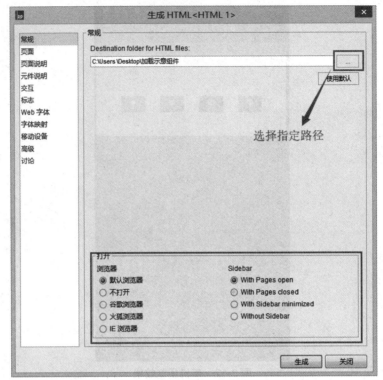

图 8-13　常规操作

（2）页面

在页面选项中，右侧有四个图标，从上至下分别表示"全部选中""全部取消""选中全部子页面"和"取消全部子页面"。在不勾选"生成所有页面"的情况下，可任意勾选需要生成的页面。操作如图 8-14 所示。

（3）标志

在标志选项中，可以导入标志图片，并编辑标题。操作如图 8-15 所示。

（4）移动设备

在移动设备选项中，可以设置适配移动设备的特殊原型。勾选"包含视口标签"，可设置其各项属性。操作如图 8-16 所示：

点击"生成"，文件夹目录如图 8-17 所示。

图 8-14　页面操作

图 8-15　标志操作

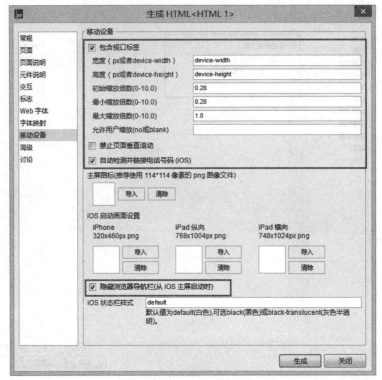

图 8-16　移动设备操作

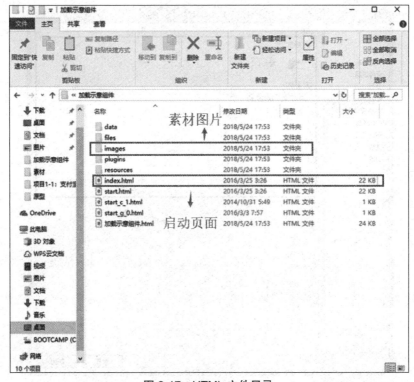

图 8-17　HTML 文件目录

双击 index.html 页面,左侧为该原型的标志。效果如图 8-18 所示。

图 8-18 HTMI 页面效果图

技能点三 Word 生成器操作

在输出项目文件时,需要对原型进行说明,使用 Word 生成器即可实现此功能。同 HTML 生成器一样,输出之前需要对其进行各种属性设置。

点击"发布",选择"更多生成器和配置文件"选项,弹出"管理配置文件"对话框。可看到共有四种生成器,分别是"HTML""Word Specification""CSV 报告"和"打印",如图 8-19 所示。

选中"Word DOC1"点击"生成",弹出"生成 Word 规范"对话框,可进行配置。常用的 Word 生成器配置如下。

(1)常规

在常规选项中,可以设置"目标文件"的存放路径,一般与浏览效果放置在同一文件夹下。操作如图 8-20 所示。

图 8-19　管理配置文件

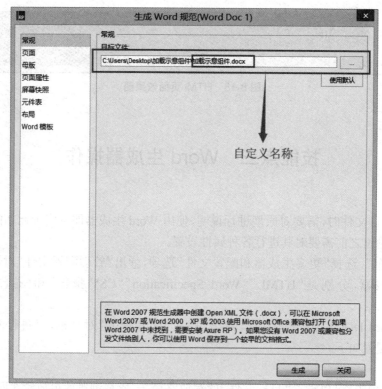

图 8-20　常规操作

（2）页面

在页面选项中，其设置与 HTML 生成器相同。从上至下四个图标分别表示"全部选中""全部取消""选中全部子页面"和"取消全部子页面"。同样，取消勾选"生成所有页面"，可任意选择需要生成的页面。操作如图 8-21 所示。

（3）母版

在母版选项中，可以选择生成页面需要的母版状态。操作如图 8-22 所示。

图 8-21　页面操作

图 8-22　母版操作

（4）屏幕快照

在屏幕快照选项中，可以设置所选页面的快照标题，在生成文档时，页面的屏幕快照会自动更新。操作如图 8-23 所示。

图 8-23　屏幕快照操作

（5）元件表

在元件表选项中，可以对文档中包含的元件进行信息管理。操作如图 8-24 所示。

点击"生成"，在指定文件夹下出现一个自定义 Word 文档。Word 文档界面如图 8-25 所示。

图 8-24　元件表操作

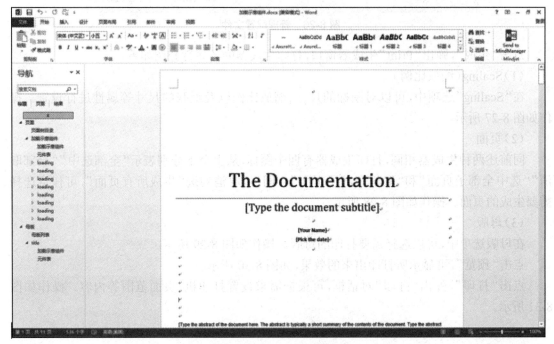

图 8-25　Word 文档示意图

技能点四　打印生成器

Axure RP8.0 新增的打印生成器,既可以单独为每个页面创建打印配置,也可以在打印多个页面时,统一调整打印设置,避免了重复的工作。接下来对打印生成器进行讲解。

点击"发布",选择"更多生成器和配置文件"选项,弹出"管理配置文件"对话框,选中"打印"生成器,如图 8-26 所示。

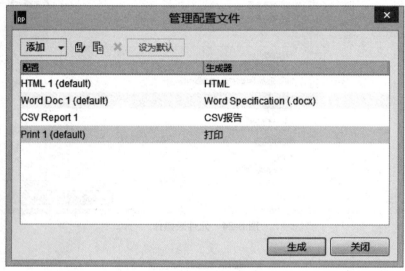

图 8-26　管理配置文件

点击"生成",弹出"Print"生成器窗口,打印生成器的各属性介绍如下。

(1)Scaling(缩放比例)

在"Scaling"选项中,可以对图标的尺寸、缩放比例以及纸张的尺寸等属性进行设置。操作如图 8-27 所示。

(2)页面

同前述两种生成器相同,打印生成器有四个图标,从上至下分别表示"全部选中""全部取消""选中全部子页面"和"取消全部子页面"。同样,取消勾选"生成所有页面",可任意选择需要生成的页面。操作如图 8-28 所示。

(3)母版

在母版选项中,可以选择需要打印的母版。操作如图 8-29 所示。

点击"预览",可显示所打印出来的效果,如图 8-30 所示。

点击"打印",弹出"打印"对话框,可根据需求设置打印机、页面范围等内容。操作如图 8-31 所示。

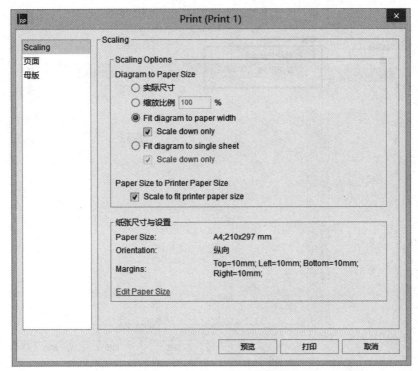

图 8-27 Scaling 操作示意图

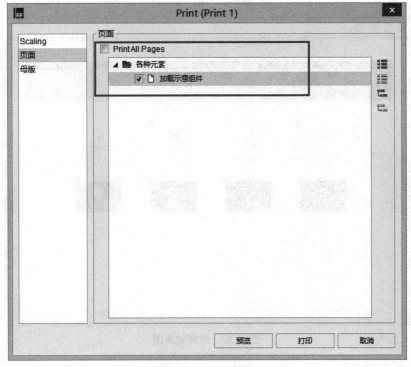

图 8-28 页面操作

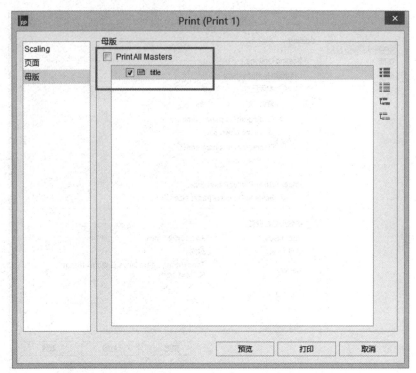

图 8-29　母版操作

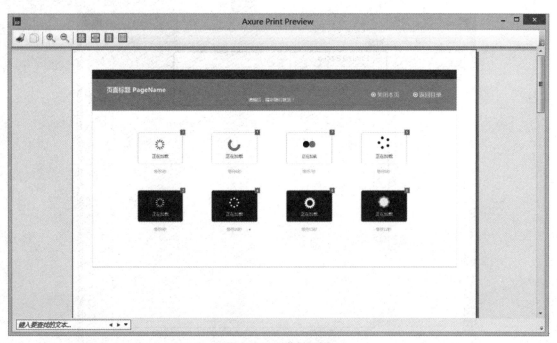

图 8-30　预览效果图

图 8-31　打印操作

在了解原型项目的预览与发布后，本任务以项目七原型为例，完成其发布的过程。具体操作步骤如下。

第一步：使用项目七中完成的"微信公众号自动回复"原型，在工具栏中点击"发布"，选择"生成 HTML 文件"，对其属性进行设置。在常规选项中，选择指定的路径。为了文件的有序性，在桌面创建一个名为"微信公众号自动回复"的文件夹作为指定路径。操作如图 8-32 所示。

第二步：在页面选项中，选择需要生成的页面。操作如图 8-33 所示。

第三步：在标志选项中，导入标志图片，编辑标题内容。操作如图 8-34 所示。

第四步：在移动设备选项中，勾选"包含视口标签"，对其宽度高度进行设置。操作如图 8-35 所示。

第五步：点击"生成"，在指定文件夹下，打开 index.html 网页，便可预览 HTML 的生成效果。效果如图 8-36 所示。

第六步：输出 Word 说明文档，对生成的页面进行说明。返回原型界面，点击发布，选择"Generate Word Specification"，弹出"生成 Word 规范"对话框，对其属性进行设置。

第七步：在常规选项中，指定生成路径，与生成的 HTML 页面放置在同一文件夹下。操作如图 8-37 所示。

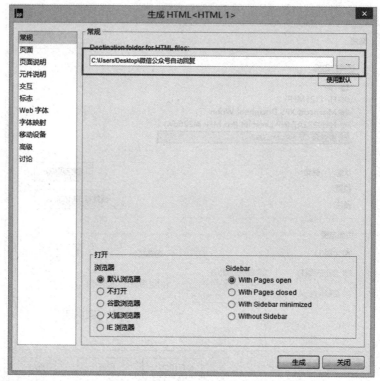

图 8-32　常规操作

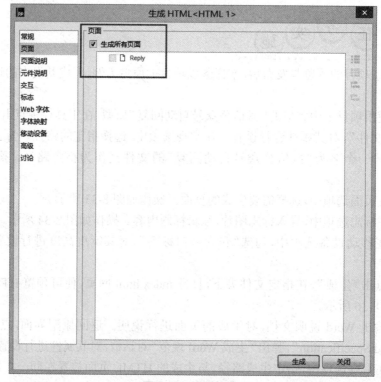

图 8-33　页面操作

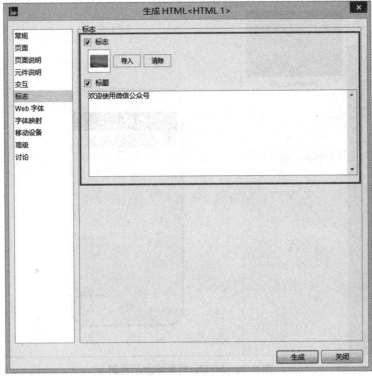

图 8-34　标志操作

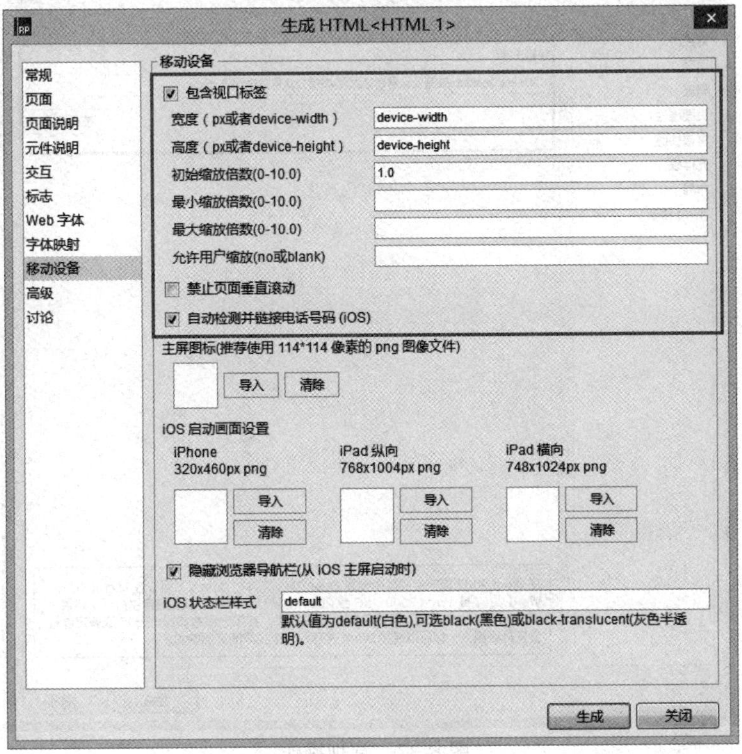

图 8-35　移动设备操作

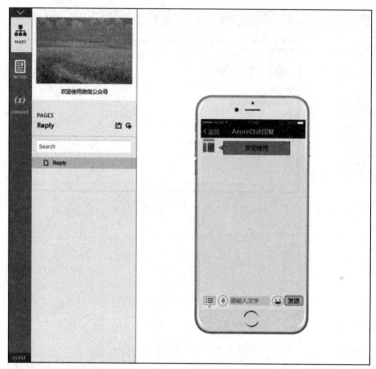

图 8-36　HTML 页面输出示意图

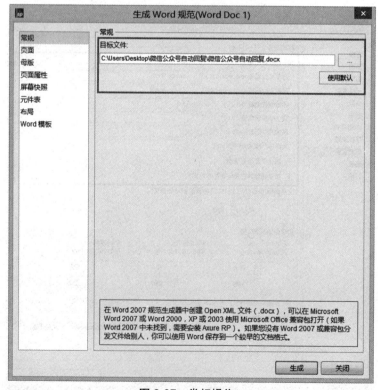

图 8-37　常规操作

第八步：在页面选项中，选择要生成的页面。操作如图 8-38 所示。

图 8-38　页面操作

第九步：点击"生成"，在"微信公众号自动回复"文件夹下出现一个 Word 文档。效果如图 8-39 所示。

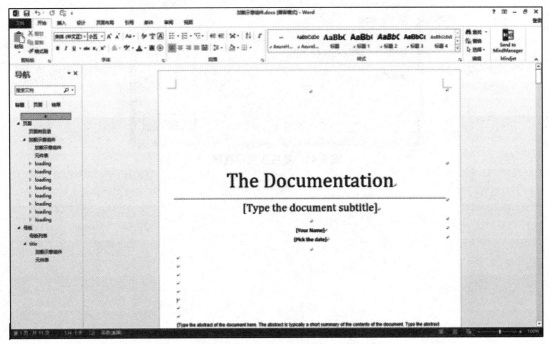

图 8-39　Word 文档生成示意图

第十步：原型项目的输出完成之后，可将原型进行发布。在工具栏中点击"发布"，选择"发布到 AxShare"，弹出"发布到 Axure Share"对话框，如图 8-40 所示。

图 8-40　发布示意图

第十一步：点击"发布"，生成一个地址链接，访问此链接即可查看预览原型，需求方不论从 PC 端还是移动端，都可以方便快捷地浏览原型，如图 8-41 所示。

Publishing to Axure Share

Your Axure Share link is:

https://3d14zi.axshare.com/#c=2　　　　　复制

☑ 无站点地图

您可以继续使用 Axure RP 发布。

发布成功！

关闭

图 8-41　链接生成示意图

访问此链接即可在手机浏览器中查看原型效果,效果如图 8-42 所示。

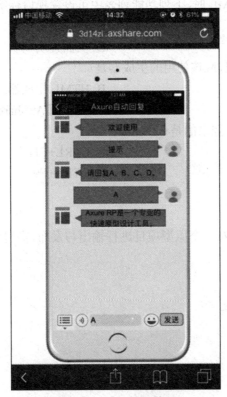

图 8-42　访问链接效果

本任务使用原型工具生成器以及原型发布的知识,实现"微信公众号自动回复"原型的输出与发布,使读者在熟悉原型预览与发布操作过程的同时,掌握原型设计工具生成器的使用方法。在设置生成器时,只需选择需要生成的页面,即可提高发布的速度。

一、选择题

1. 下列按钮不属于 Axure 中针对页面过多而提供的按钮的是(　　　)。

A. 全部选中　　　　　　　　　　　　B. 全部取消

C. 提交　　　　　　　　　　　　　　D. 选中全部子页面

2. 下列不是 Axure 原型发布方式的是(　　　)。

A. 发布成 Word 生成器　　　　　　　B. 发布成 HTML

C. 发布成 Excel　　　　　　　　　　　D. 发布原型到 Axure Share

3. 在 Axure 中生成 HTML 时,下列功能列表中可设置视口标签的是(　　　)。

A. 常规　　　　　　　　　　　　　　B. 移动设备

C. 高级　　　　　　　　　　　　　　D. 页面说明

4. 如果想生成屏幕快照,应该使用的生成器是(　　　)。

A. 打印生成器　　　　　　　　　　　B. HTML 生成器

C. Word 生成器　　　　　　　　　　D. 发布到 AxShare

5. 下列快捷键表示账号登录的是(　　　)。

A. CTRL+F12　　　　　　　　　　　B. CTRL+F11

C. CTRL+F10　　　　　　　　　　　D. CTRL+F9

二、操作题

根据本项目所学知识,对一个原型项目进行输出与发布,需包含 HTML 页面、Word 说明文档和链接地址。

附录一（快捷键）

在进行复杂的高保真原型设计过程中，原型设计师为了加快操作的速度，一般都会使用快捷件，Axure RP8.0 的快捷键整理如下。

基本快捷键

基本	Windows	OS X
剪切	CTRL+X	CMD+X
复制	CTRL+C	CMD+C
粘贴	CTRL+V	CMD+V
重复	CTRL+D	CMD+D
撤销	CTRL+Z	CMD+Z
重做	CTRL+Y	CMD+Y
全选	CTRL+A	CMD+A
打开	CTRL+O	CMD+O
新建	CTRL+N	CMD+ N
保存	CTRL+S	CMD+S
另存	CTRL+SHIFT+S	CMD+SHIFT+S
退出	ALT+F4	CMD+Q
打印	CTRL+P	CMD+P
查找	CTRL+F	CMD+F
替换	CTRL+H	CMD+R
帮助	F1	F1
拼写检查	F7	--

页面快捷键

页面 / 树	Windows	OS X
新建页面	CTRL+ENTER	CMD+ENTER
新建文件夹	CTRL+SHIFT+ENTER	CMD+SHIFT+ENTER
缩进选中项	TAB	TAB

续表

页面 / 树	Windows	OS X
减少缩进选中项	SHIFT+TAB	SHIFT+TAB
向上移动选中项	CTRL+ ↑	CMD+ ↑
向下移动选中项	CTRL+ ↓	CMD+ ↓
查询	输入即查询	输入即查询
搜索栏移动到结果	↓	↓
从结果返回搜索栏	SHIFT+TAB	SHIFT+TAB
退出查询	ESC	ESC

工具快捷键

工具	Windows	OS X
相交选中	CTRL+1	CMD+1
包含选中	CTRL+2	CMD+2
连接线	CTRL+3	CMD+3
钢笔	CTRL+4	CMD+4
边界点	CTRL+5	CMD+5
切割	CTRL+6	CMD+6
裁剪	CTRL+7	CMD+7
连接点	CTRL+8	CMD+8
格式刷	CTRL+9	CMD+9

面板快捷键

面板	Windows	OS X
左侧功能面板开关	CTRL+ALT+[	CMD+ALT+[
右侧功能面板开关	CTRL+ALT+]	CMD+ALT+]

编辑快捷键

编辑	Windows	OS X
组合	CTRL+G	CMD+G
取消组合	CTRL+SHIFT+G	CMD+SHIFT+G
上移一层	CTRL+]	CMD+]
下移一层	CTRL+[	CMD+[
置于顶层	CTRL+SHIFT+]	CMD+SHIFT+]

编辑	Windows	OS X
置于底层	CTRL+SHIFT+[	CMD+SHIFT+[
元件左侧对齐	CTRL+ALT+L	CMD+OPT+L
元件水平居中对齐	CTRL+ALT+C	CMD+OPT+C
元件右侧对齐	CTRL+ALT+R	CMD+OPT+R
元件顶部对齐	CTRL+ALT+T	CMD+OPT+T
元件垂直居中对齐	CTRL+ALT+M	CMD+OPT+M
元件底部对齐	CTRL+ALT+B	CMD+OPT+B
文本左侧对齐	CTRL+SHIFT+L	CMD+SHIFT+L
文本水平居中对齐	CTRL+SHIFT+C	CMD+SHIFT+C
文本右侧对齐	CTRL+SHIFT+R	CMD+SHIFT+ALT+R
水平分布	CTRL+SHIFT+H	CMD+SHIFT+H
垂直分布	CTRL+SHIFT+U	CMD+SHIFT+U
转换为动态面板	CTRL+SHIFT+ALT+D	CMD+SHIFT+OPT+D
转换为母版	CTRL+SHIFT+ALT+M	CMD+SHIFT+OPT+M
锁定位置与尺寸	CTRL+K	CMD+K
解锁位置与尺寸	CTRL+SHIFT+K	CMD+SHIFT+K
编辑位置与尺寸	CTRL+L	CMD+L
保持宽高比例	SHIFT+ENTER	SHIFT+ENTER
切割图像	CTRL+SHIFT+ALT+S	CMD+SHIFT+OPT+S
插入文本链接	CTRL+SHIFT+ALT+H	CMD+SHIFT+OPT+H
复制选中元件内容	CTRL+SHIFT+ALT+C	CMD+SHIFT+OPT+C
粘贴为纯文本	CTRL+SHIFT+V	CMD+SHIFT+V
粘贴包含锁定元件	CTRL+ALT+V	CMD+OPT+V
从所有视图删除	CTRL+DEL	CMD+DEL
焦点进入下个元件	CTRL+0	CMD+SHIFT+0
焦点进入上个元件	CTRL+9	CMD+SHIFT+9
增大脚注编号	CTRL+J	CMD+J
减小脚注编号	CTRL+SHIFT+J	CMD+SHIFT+J
增大字体尺寸	CTRL+SHIFT+<	CMD+SHIFT+<
缩小字体尺寸	CTRL+SHIFT+>	CMD+SHIFT+>

画布快捷键

画布	Windows	OS X
向后切换选项卡	CTRL+TAB	CTR+TAB
向前切换选项卡	CTRL+SHIFT+TAB	CTRL+SHIFT+TAB
左右移动选项卡	CTRL+ALT+ ← / →	CMD+ALT+ ← / →
选择上一个元件	CTRL+SHIFT+9	CMD+SHIFT+9
选择下一个元件	CTRL+SHIFT+0	CMD+SHIFT+0
关闭页面 / 母版	CTRL+W	CMD+W
关闭全部选项卡	CTRL+SHIFT+W	CMD+SHIFT+W
向上翻页	PAGE UP	PAGE UP
向下翻页	PAGE DOWN	PAGEDOWN
向左翻页	SHIFT+PAGE UP	SHIFT+PAGE UP
向右翻页	SHIFT+PAGE DOWN	SHIFT+PAGE DOWN
向上滚动	鼠标滚轮向上	鼠标滚轮向上
向下滚动	鼠标滚轮向下	鼠标滚轮向下
向左滚动	SHIFT+ 鼠标滚轮向上	SHIFT+ 鼠标滚轮向上
向右滚动	SHIFT+ 鼠标滚轮向下	SHIFT+ 鼠标滚轮向下
缩小比例	CTRL++	CMD++
放大比例	CTRL+-	CMD+-
还原比例	CTRL+0	CMD+0
拖动画布	按住空格拖动	按住空格拖动
暂时隐藏遮罩与网格	按住 [CTRL]+[SPACE]	按住 [CTRL]+[SPACE]
显示 / 隐藏网格	CTRL+ '	CMD+ '
显示 / 隐藏全局辅助线	CTRL+.	CMD+.
显示 / 隐藏页面辅助线	CTRL+,	CMD+,

登录快捷键

账户	Windows	OS X
登录	CTRL+F12	CMD+F12

发布快捷键

发布	Windows	OS X
预览	F5	CMD+SHIFT+P
预览选项	CTRL+F5	CMD+SHIFT+OPT+P

发布	Windows	OS X
共享	F6	CMD+SHIFT+A
生成 HTML	F8	CMD+SHIFT+O
重新生成当前页面	CTRL+F8	CMD+SHIFT+I
生成说明文档	F9	CMD+SHIFT+D

附录二（常用尺寸）

在原型设计的过程中,设计时可能出现对尺寸的把握不那么准确,不知道该如何设置,不知道怎样设计会让需求方在视觉上感到舒适等问题以下表格为各系统手机界面中常应用的比较规范的尺寸,仅供参考。

iPhone 尺寸规范

设备	分辨率（px）	逻辑分辨率（pt）	尺寸（in）	PPI	状态栏高度	导航栏高度	标签栏高度
iPhoneX	1 125×2 436	375×812	5.8	458	132 px	132 px	147 px
iPhone6+, 6s, 7+, 8+	1 242×2 208	414×736	5.5	401	60 px	132 px	146 px
iPhone6, 6s, 7, 8	750×1 334	375×667	4.7	326	40 px	88 px	98 px
iPhone5, 5s, 5c, SE	640×1136	320×568	4.0	326	40 px	88 px	98 px
iPhone4, 4s	640×960	320×480	3.5	326	40 px	88 px	98 px
iPhone2G, 3G, 3GS	320×480	320×480	3.5	163	20 px	44 px	49 px

iPhone 图标尺寸规范

设备	App Store	主屏幕图标	设置	Spotlight	通知	工具栏和导航栏
iPhoneX（@3×）	1 024×1 024 px	180×180 px	87×87 px	120×120 px	60×60 px	75×75 px
iPhone6+, 6s, 7+, 8+（@3×）	1 024×1 024 px	180×180 px	87×87 px	120×120 px	60×60 px	75×75 px
iPhone6, 6s, 7, 8（@2×）	1 024×1 024 px	120×120 px	58×58 px	80×80 px	40×40 px	50×50 px
iPhone5, 5s, 5c, SE（@2×）	1 024×1 024 px	120×120 px	58×58 px	80×80 px	40×40 px	50×50 px
iPhone4, 4s（@2×）	1 024×1 024 px	120×120 px	58×58 px	80×80 px	40×40 px	50×50 px

iPad 尺寸规范

设备	分辨率（px）	逻辑分辨率（pt）	尺寸（in）	PPI	状态栏高度	导航栏高度	标签栏高度
iPad Pro12.9	2 732×2 048	1 024×1 366	12.9	264	40 px	88 px	98 px
iPad Pro10.5	1 668×2 224	834×1 112	10.5	264	40 px	88 px	98 px
iPad 4/5/6，Air1/2	1 536×2 048	768×1 024	9.7	401	40 px	88 px	98 px
iPad Mini 2/3/4	1 536×2 048	768×1 024	7.9	326	40 px	88 px	98 px
iPad 1/2	768×1 024	768×1 024	9.7	132	20 px	44 px	49 px

iPad 图标尺寸规范

设备	App Store	主屏幕图标	设置	Spotlight	通知	工具栏和导航栏
iPad Pro，iPad 4/5/6（@2×）	1 024×1 024 px	167×167 px	58×58 px	80×80 px	40×40 px	50×50 px
iPad Mini 2/3/4，Air1/2（@2×）	1 024×1 024 px	167×167 px	58×58 px	80×80 px	40×40 px	50×50 px
iPad 1/2，iPad Mini1（@2×）	1 024×1 024 px	152×152 px	58×58 px	80×80 px	40×40 px	50×50 px

iOS 系统字体规范

样式	字体	字号（pt）	行距（pt）	字间距（pt）
大标题	Regular	34	41	11
标题 1	Regular	28	34	13
标题 2	Regular	22	28	16
标题 3	Regular	20	25	19
标题	Semi-Bold	17	22	−24
正文	Regular	17	22	−24
标注	Regular	16	21	−20
副标题	Regular	15	20	−16
注脚	Regular	13	18	−6
说明 1	Regular	12	16	0
说明 2	Regular	11	13	6

Android 尺寸规范

名称	分辨率（px）	DPI	像素比	换算（dp=px）
xhdpi	720×1 280	320	2.0	48 dp=96 px
xxhipi	1 080×1 920	480	3.0	48 dp=144 px
xxxhdpi	2 160×3 840	640	4.0	48 dp=192 px
hdpi	480×480	240	1.5	48 dp=72 px
mdpi	320×480	160	1.0	48 dp=48 px

Android 图标尺寸规范

图标类别	xhdpi（320 dpi）	xxhdpi（480 dpi）	xxxhdpi（640 dpi）	hdpi（240 dpi）	mdpi（160 dpi）
启动图标	96×96 px	144×144 px	192×192 px	48×48 px	72×72 px
菜单图标	96×96 px	144×144 px	192×192 px	48×48 px	72×72 px
状态栏图标	64×64 px	96×96 px	128×128 px	32×32 px	48×48 px
Tab 导航图标	64×64 px	96×96 px	128×128 px	32×32 px	48×48 px
对话框图标	64×64 px	96×96 px	128×128 px	32×32 px	48×48 px
列表 Item 图标	64×64 px	96×96 px	128×128 px	32×32 px	48×48 px

Android 系统字体规范

样式	字体	字号（sp）	行距（dp）	字间距（pt）
应用栏	Medium	20	—	—
按钮	Medium	15	—	10
大标题	Regular	24	34	0
标题	Medium	20	34	5
副标题	Regular	17	28	10
正文 1	Regular	15	23	10
正文 2	Bold	15	26	10
标注	Regular	13	—	20